教育部职业教育与成人教育司推荐教材
中等职业学校机械专业教学用书

金属切削原理与刀具

第2版

中国机械工业教育协会
全国职业培训教学工作指导委员会　组编
机电专业委员会

沈志雄　主编

机 械 工 业 出 版 社

本书是为适应中等职业技术教育教学改革需要而编写的。主要内容有：金属切削刀具的材料，刀具的几何形状和切削要素，金属的切削过程，刀具的磨损与刃磨，提高金属切削效率的途径，常用刀具。

本书可作为中等职业技术学校、技工院校机械类专业的教材。

图书在版编目（CIP）数据

金属切削原理与刀具/沈志雄主编；中国机械工业教育协会，全国职业培训教学工作指导委员会，机电专业委员会组编. —2版. —北京：机械工业出版社，2013.12（2025.8重印）
（教育部职业教育与成人教育司推荐教材　中等职业学校机械专业教学用书）
ISBN 978-7-111-44395-7

Ⅰ.①金…　Ⅱ.①沈…②中…③全…④机…　Ⅲ.①金属切削—理论—中等专业学校—教材②刀具（金属切削）—中等专业学校—教材
Ⅳ.①TG501②TG71

中国版本图书馆CIP数据核字（2013）第244440号

机械工业出版社（北京市百万庄大街22号　邮政编码100037）
策划编辑：王华庆　责任编辑：王华庆　张振勇
版式设计：霍永明　责任校对：刘秀芝
封面设计：赵颖喆　责任印制：常天培
河北虎彩印刷有限公司印刷
2025年8月第2版第10次印刷
140mm×203mm · 4.25印张 · 110千字
标准书号：ISBN 978-7-111-44395-7
定价：19.80元

电话服务
客服电话：010-88361066
010-88379833
010-68326294

网络服务
机　工　官　网：www.cmpbook.com
机　工　官　博：weibo.com/cmp1952
金　　书　　网：www.golden-book.com
机工教育服务网：www.cmpedu.com

中等职业学校机械专业教学用书(第2版)
编审委员会名单

本书主编　沈志雄

参　　编　陈　明

前　言

由中国机械工业教育协会、全国职业培训教学工作指导委员会机电专业委员会组编的中等职业学校机械专业和电气维修专业教学用书（共22种）自2003年出版以来，已多次重印，受到了教师和学生的广泛好评，并且有17种被教育部评为“教育部职业教育与成人教育司推荐教材”。

随着技术的进步和职业教育的发展，本套教材中涉及的一些技术规范、标准已经过时，同时，近年来各学校普遍进行了教学和课程的改革，使教学内容也有了一定的更新和调整。为更好地服务教学，我们对本套教材进行了修订。

本次修订，充分继承了第1版教材的精华，在内容、编写模式上做了较多的更新和调整，配套资源更加丰富。第2版教材具有以下特点：

（1）内容新而全　本套教材在修订过程中，主要是更新陈旧的技术规范、标准、工艺等，做到知识新、工艺新、技术新、设备新、标准新，并根据教学需要，删除过时和不符合目前授课要求的内容，精简赘述、繁杂的理论，适当增加、更新相关图表和习题，重在使学生掌握必需的专业知识和技能。

（2）编写模式灵活　为了适应教学改革的需要，部分专业课教材采用任务驱动模式编写。

（3）配套资源丰富　本套教材全部配有电子课件，部分教材有配套习题集或复习思考题。

本套教材的编写工作得到了各相关学校领导的重视和支持，参加教材编审的人员均为各校的教学骨干，使本套教材的修订工作能够按计划有序地进行，并为编好教材提供了良好的保证，在此对各个学校的支持表示感谢。

本书由沈志雄主编，陈明参加编写。

尽管我们不遗余力，但书中仍难免存在不足之处，敬请读者批评指正。我们真诚地希望与您携手，共同打造职业教育教材的精品。

中国机械工业教育协会

全国职业培训教学工作指导委员会机电专业委员会

目　录

绪 论

金属切削加工是利用高于工件硬度的切削工具，在工件上切除多余金属的加工方法，是机械制造工业基本的加工方法之一。在机械制造工艺过程中，凡是精度和表面质量要求较高的零件，一般都需要经过切削加工。

我国的金属切削加工技术有着悠久的历史，它是从古代加工石质、木质、骨质和其他非金属器物发展演变而来的。公元前二千多年青铜器时代就已经出现了金属切削的萌芽，当时的青铜刀、锯、锉等已经类似于现代的刀具。根据大量出土文物与文献推测，最迟在唐代（8 世纪）我国已有了原始的车床。到了明代（17 世纪），各种切削加工如车、铣、钻、刨、磨等分工逐渐明确。当时为了精加工天文仪器上的直径达 2m 多的大铜环，用畜力带动铣刀、磨石进行铣削和磨削，这种加工方法与现代的加工方法已经十分相似了。

但是在解放以前很长一段时间，由于封建制度的束缚、外国的侵略和统治阶级的无能，使我国的科学技术长期得不到发展。与国外发达国家相比，我国的金属切削加工技术十分落后，当时除了少数几个修配厂外，根本谈不上自己的机床和工具制造业。

新中国成立后，在中国共产党的领导下，我国的机械制造业有了很大的发展，金属切削加工技术也有了突飞猛进的发展。尤其是改革开放以来，我国引进、消化和吸收国外先进的切削技术和新的工艺，各有关科研院所也对切削理论进行深入研究，取得了丰硕的成果。现在，我国在刀具材料、刀具品种和质量方面，有些已跃入世界先进行列，但与世界上工业发达国家相比，还有一定的差距。

目前金属切削加工有两项引人瞩目的成就：一是精密加工技术，30 多年前只能加工 10μm 级精度零件，而现在已能加工 $10^{-1}\mu$m 级至 10^{-2} μm 级精度的零件；二是计算机辅助制造（CAM）技术和柔性制造系统（FMS）进入实用阶段，使加工制造向自动化、智能化方向发展。

刀具是金属切削加工中不可缺少的重要工具之一，无论是普通机床、数控机床还是柔性制造系统，都必须依靠刀具才能完成切削工作。一方面，由于刀具的改进与发展，往往可以成倍，甚至几十倍地提高工效，促进了生产率的提高、机床结构及加工工艺的改革；另一方面，随着科学技术与生产力的发展，又对刀具的材料及结构提出了更高的要求，以适应加工的需要。

通过本课程的理论教学、实验、实习等教学环节，应达到以下要求：

了解常用金属切削加工基本理论知识，掌握金属切削过程的基本规律；掌握常用刀具的类型、结构特点与应用范围，能根据加工条件正确选择与使用各种常用刀具；掌握正确选择刀具几何角度和切削用量的基本知识。

第一章　金属切削刀具的材料

在金属切削加工过程中，刀具直接完成切削工作。刀具切削性能的优劣，直接影响到工件被加工表面的质量、切削效率、刀具的使用寿命和加工成本的高低。合理选择刀具切削部分的材料以及刀具几何形状和结构是十分重要的。

第一节　刀具材料应具备的性能和种类

一、刀具材料应具备的性能

刀具在切削过程中，要承受切削力、高温、冲击和振动，并被磨损。因此，刀具材料必须具备以下几方面的性能：

1. 足够的硬度和耐磨性

硬度是刀具材料应具备的基本性能。刀具材料的硬度应高于工件材料的硬度，一般刀具材料的常温硬度须在60HRC以上。耐磨性是指材料抵抗磨损的能力，它与材料硬度、强度和组织结构有关。材料硬度越高，则耐磨性越好。材料组织中碳化物、氮化物等硬质点的硬度越高、颗粒越小、数量越多且分布均匀，则耐磨性越高。

2. 足够的强度与韧性

切削时刀具要承受很大的切削力、冲击和振动。为避免崩刃和折断，刀具材料应具有足够的强度和韧性。材料的强度和韧性通常用抗弯强度 σ_{bb} 和冲击韧度 a_k 表示。

3. 高的耐热性

耐热性是刀具材料在高温下仍能维持刀具切削性能的一种特性。通常把材料在高温下仍保持高硬度的能力称为热硬性。刀具材料的高温硬度越高，耐热性越好，允许的切削速度越高。它是影响刀具材料切削性能的重要指标。

4. 良好的导热性

刀具材料的热导率越大，刀具传导热量的能力就越大，有利于将切削区的热量传出，降低切削温度，提高刀具寿命。

5. 良好的工艺性

为便于刀具本身的加工制造，刀具材料要有良好的工艺性能，如热轧、锻造、焊接、热处理和磨削加工等性能。尤其是制造复杂形状的刀具材料，要求在热处理前的退火状态下具有较低的硬度，以便经过切削加工获得需要的造型和精度；经过热处理淬火后，切削部分的硬度则应满足切削时的需要，并且在允许的重磨次数内保持这一硬度值不会明显降低；在热处理过程中，则要求刀具毛坯不发生过大的热处理变形等。

6. 经济性

在切削加工中，刀具消耗是很大的，刀具费用在机械零件的成本构成中占有较大比重。在满足切削加工要求的前提下，应尽量选用原料丰富、制备容易、价格低廉、立足国内的刀具材料。

二、刀具材料的分类

刀具切削部分的材料主要有：工具钢（包括碳素工具钢、合金工具钢、高速钢）、硬质合金、陶瓷和超硬材料等四类。一般切削加工使用最多的是高速钢和硬质合金。各类刀具材料的主要物理性能和力学性能见表 1-1。

表 1-1　各类刀具材料的主要物理性能和力学性能

材料种类		密度 /(g/cm³)	硬度 HRC (HRA) [HV]	抗弯强度 σ_{bb} /GPa	冲击韧度 a_K (MJ/m^2)	热导率 λ/[W/(m·K)]	耐热性 /℃
工具钢	碳素工具钢	7.6～7.8	60～65 (81.2～84)	2.16	—	≈41.87	200～250
	合金工具钢	7.7～7.9	60～65 (81.2～84)	2.35	—	≈41.87	300～400
	高速钢	8.0～8.8	63～70 (83～86.6)	1.96～4.41	0.098～0.588	16.75～25.1	500～600

（续）

材料种类		密度 /(g/cm³)	硬度 HRC (HRA) [HV]	抗弯强度 σ_{bb} /GPa	冲击韧度 a_K (MJ/m²)	热导率 λ/[W/(m·K)]	耐热性 /℃
硬质合金	钨钴类(K类)①	14.3～15.3	(89～91.5)	1.08～2.16	0.019～0.059	75.4～87.9	800
	钨钛钴类(P类)	9.35～13.2	(89～92.5)	0.882～1.37	0.0029～0.0068	20.9～62.8	900
	含有碳化钽、铌类	—	(90～92)	1.18～1.47	—	—	1000～1100
	碳化钛基类	5.56～6.3	(92～93.3)	0.78～1.08	—	—	1100
陶瓷	氧化铝陶瓷	3.6～4.7	(91～95)	0.44～0.686	0.0049～0.0117	41.9～20.93	1200
	氧化铝碳化物混合陶瓷			0.71～0.88			1100
	氮化硅陶瓷	3.26	[5000]	0.735～0.83	—	37.68	1300
超硬材料	立方氮化硼	3.44～3.49	[8000～9000]	≈0.294	—	75.55	1400～1500
	人造金刚石	3.47～3.56	[10000]	0.21～0.48	—	146.54	700～800

① 国际标准 ISO 代号将硬质合金分为 K、P、M 三类，括号内为新牌号。

第二节 工 具 钢

一、碳素工具钢

碳素工具钢是含碳量（质量分数）为 0.65%～1.3%的优质碳素钢，常用钢号有 T7A、T8A、T10A 及 T12A 等。这类钢工艺性能良好，经适当热处理，硬度可达 60～64HRC，有较高的耐磨性，价格低廉。最大缺点是热硬性差（200～250℃），故允许的切削速度较低（v<8m/min），且淬透性差，水冷时，心部

能淬透的最大直径只有 ϕ12mm。因此，只能用于制造手用刀具、低速及小进给量的机用刀具。

二、合金工具钢

合金工具钢是在碳素工具钢中加入适当的合金元素 Cr、Mo、Si、W、Mn、V 等炼制而成的，它提高了刀具材料的淬透性、韧性、耐磨性和耐热性。其耐热性达 250～350℃，所以切削速度比碳素工具钢高。合金工具钢主要用于制造细长刀具或截面积大、刃形复杂的刀具，如拉刀、丝锥、板牙等。常用的合金工具钢有 9SiCr、CrWMn 等。

三、高速工具钢

高速工具钢简称高速钢，是含有较多的合金元素如 W、Cr、Mo 及 V 等的合金工具钢。它与碳素工具钢或合金工具钢相比，突出的性能特点是热硬性很高，在切削温度高达 500～600℃时，仍能保持 60HRC 的高硬度，切削速度可提高 1～3 倍。高速钢具有良好的淬透性，小型刀具在空气中冷却即可淬透。同时，高速钢还具有较高的硬度和耐磨性以及较高的强度和韧性。高速钢的使用占刀具材料总量的 60%～70%，特别是用于制造结构复杂的成形刀具、孔加工刀具，例如各类铣刀、拉刀、螺纹刀具及齿轮刀具等。

常用高速钢牌号及其物理力学性能见表 1-2。

1. 普通性能高速钢

普通性能高速钢应用最为广泛，约占高速钢总量的 75%。其性能特点是工艺性能好，具有较高的硬度、强度、耐磨性和韧性，可用于制造各种刃形复杂的刀具。切削普通钢料时的切削速度通常不高于 60m/min。高速钢碳的质量分数为 0.7%～0.9%，主要牌号有以下三种：

(1) W18Cr4V　其优点是综合性能较好，热处理工艺性能和可磨削性都较好，可制造各种形状复杂的刀具。其缺点是碳化物分布不均匀性严重，抗弯强度和冲击韧度比钼系差。此外由于钨的价格较高，国外已较少采用。我国在 20 世纪 60～70 年代曾

表 1-2　常用高速钢牌号及其物理力学性能

类型		牌号			硬度 HRC			抗弯强度 σ_{bb}/GPa	冲击韧度 a_K /(MJ/m²)
		GB/T9941～9943—2009 (YB/T2—1980)	美国 AISI 代号	国内有关厂代号	室温	500℃	600℃		
通用型高速钢		W18Cr4V	(T1)		63～66	56	48.5	2.94～3.33	0.176～0.314
通用型高速钢		W6Mo5Cr4V2	(M2)		63～66	55～56	47～48	3.43～3.92	0.294～0.392
通用型高速钢		W9Mo3Cr4V			65～66.5			4～4.5	0.343～0.392
通用型高速钢		W10Mo4Cr4V3Co10	(EV4)		65～67		51.7	≈3.136	≈0.245
高生产率高速钢	高钒	W6Mo5Cr4V3	(M3)		65～67		51.7	≈3.136	≈0.245
高生产率高速钢	含钴	W6Mo5Cr4V2Co5	(M36)		66～68		54	≈2.92	≈0.294
高生产率高速钢	超硬型	W2Mo9Cr4VCo8	(M42)		67～70	60	55	2.65～3.72	0.225～0.294
高生产率高速钢	超硬型	W6Mo5Cr4V2Al	(M2Al)	(501)	67～69	60	55	2.84～3.82	0.225～0.294
高生产率高速钢	超硬型	W6Mo4Cr4V2	(5F—6)		67～69	60	54	3.04～3.43	0.196～0.274
高生产率高速钢	超硬型	CW6Mo5Cr4V2	(B201)		66～68	57.7	50.9	3.53～3.82	0.255～0.265

应用较普遍，现在应用也逐渐减少。

(2) W6Mo5Cr4V2　这是以 Mo 代 W 发展起来的一种高速钢，国外应用较多，其切削性能大致与 W18Cr4V 相同。由于钢中合金元素含量较少，碳化物数量相应减少，而且颗粒细小分布均匀，因而与 W18Cr4V 相比，抗弯强度、塑性、韧性和耐磨性略有提高，特别是热塑性非常好。其主要缺点是淬火温度范围狭窄、脱碳、过热敏感性较大，可磨削性也略低于 W18Cr4V。主要用于热轧刀具，如扭制麻花钻等。

(3) W9Mo3Cr4V　此种高速钢是根据我国资源研制的，其抗弯性能与韧性均比 W6Mo5Cr4V2 好。高温热塑性好，而且淬火过热、脱碳敏感性小，有良好的切削性能。

2. 高生产率高速钢

高生产率高速钢是在普通高速钢成分的基础上再添加一些 C、V、Co、Al 等合金元素，进一步提高了钢的耐热性和耐磨性。这类高速钢刀具的寿命约为普通高速钢的 1.5～3 倍。适用于加工不锈钢、耐热钢、钛合金及高强度钢等难加工的材料。

(1) W6Mo5Cr4V3 高钒高速钢　V 的质量分数提高到 3%～5%的高速钢称为高钒高速钢，V 在钢中形成大量的碳化钒，使其硬度与耐磨性大大提高，但钒的增加也使其可磨削性相应地下降。用于制造加工高强度钢的车刀、铣刀、钻头等刀具。

(2) W2Mo9Cr4VCo8 钴高速钢　这是一种含 Co 超硬高速钢，常温硬度达 67～69HRC，具有良好的综合性能。Co 能提高高温硬度，相应地提高了切削速度。因 V 的含量不高，故其可磨削性良好。钴高速钢刀具适于切削加工不锈钢、高温合金。钴高速钢在国外应用较多，我国由于钴储量少，故使用不多。

(3) W12Mo3Cr4V3Co5Si（这是已经废止的冶金牌号，但目前企业中仍有应用）低钴高速钢　这是用减少 Co 增加 Si 的办法来获得较好性能的一种刀具材料，但其成分中仍含 Co（仍然不经济）。由于 V 含量增加，使可磨削性降低。

（4）W6Mo5Cr4V2Al（501）铝高速钢　铝高速钢是我国研制的无钴高速钢，是在普通高速钢的基础上添加少量铝，以提高钢的耐热性和耐磨性，并使其强度和韧性不降低。国产 501 钢的性能已接近国外的 W2Mo9Cr4VCo8。因不含钴，生产成本较低，已在我国推广使用。

第三节　硬 质 合 金

一、硬质合金的组成与性能

硬质合金是将一些难熔的、高硬度的微米级合金碳化物粉末与金属粘结剂混合，经加压成形，烧结而成的粉末冶金材料。常用的合金碳化物有 WC，TiC、TaC、NbC 等。常用的粘结剂有 Co 以及 Mo、Ni 等。

合金碳化物是硬质合金的主要成分，具有高硬度、高熔点和化学稳定性好等特点。因此，硬质合金的硬度、耐磨性、耐热性均超过高速钢，硬质合金的常温硬度为 89～93HRA，切削温度达 800～1000℃时，仍能进行切削。切削性能比高速钢好，切削速度可提高 4～10 倍。其缺点是抗弯强度低，约为 W18Cr4V 的 1/2～1/4，且冲击韧度差，约为 W18Cr4V 的 1/3～1/4。硬质合金的性能取决于化学成分、碳化物粉末粗细及其烧结工艺。碳化物含量增加时，硬度随之增高，抗弯强度反而降低。粘结剂含量增加时，抗弯强度随之增高，硬度反而下降。

硬质合金的切削性能良好，现已成为主要的刀具材料之一。绝大多数车刀和面铣刀的切削部分都采用硬质合金。深孔钻、铰刀以及某些复杂刀具也广泛采用硬质合金。

二、常用硬质合金的分类、牌号及性能

硬质合金按化学成分可分为以下几类：钨钴类硬质合金、钨钛钴类硬质合金、钨钛钽（铌）类硬质合金及碳化钛基类硬质合金。其中前面三类的主要成分为 WC，可统称为 WC 基硬质合金。常用硬质合金的成分与性能见表 1-3。

表 1-3 常用硬质合金的成分与性能

类别	牌号	化学成分(质量分数)w(%)				密度 /(g/cm^3)	热导率 /[W/m·K]	硬度 HRA (HRC)	抗弯强度 σ_{bb} /GPa
		WC	TiC	TaC (NbC)	Co				
钨钴类	YG3 (K01)①	97	—	—	3	14.9～15.3	87.92	91 (78)	1.08
	YG6X (K10)	93.5	—	<0.5	6	14.6～15.0	75.55	91 (78)	1.37
	YG6 (K10)	94	—	—	6	14.6～15.0	75.55	89.5 (75)	1.42
	YG8 (K20)	92	—	—	8	14.5～14.9	75.36	89 (74)	1.47
	YG8C	90	—	—	10	14.3～14.9	75.36	88 (72)	1.72
钨钛钴类	YT30 (P05)	66	30	—	4	9.3～9.7	20.93	92.5 (80.5)	0.88
	YT15 (P15)	79	15	—	6	11.0～11.7	33.49	91 (78)	1.13
	YT14 (P20)	78	14	—	8	11.2～12.0	33.49	90.5 (77)	1.77
	YT5 (P30)	85	5	—	10	12.5～13.2	62.80	89 (74)	1.37
钨钛钽(铌)类	YG6A (K10)	91	—	3	6	14.6～15.0	—	91.5 (79)	1.37
	YG8A	91	—	<1	8	14.5～14.9	—	89.5 (75)	1.47
	YW1 (M10)	84	6	4	6	12.8～13.3	—	91.5 (79)	1.18
	YW2 (M20)	82	6	4	8	12.6～13.0	—	90.5 (77)	1.32
碳化钛基类	YN05 (P01)	8	71	—	Ni7 Mo14	5.9	—	93.3 (82)	0.78～0.93
	YN10 (P05)	15	62	1	Ni12 Mo10	6.3	—	92 (80)	1.08

① 括号内为新牌号。

1. 钨钴类(YG 类)硬质合金(GB/T 2075—2007 标准中 K 类)

这类硬质合金的常用牌号有 YG3（K01）、YG3X（K01）、YG6（K10）、YG6X（K10）、YG8（K20）等。YG 代表钨钴类硬质合金，后面数字表示 Co 的含量，如 YG6（K10）表示钴的质量分数为 6%，其余的 94% 为 WC。碳化物的粉末有粗细之分，C 表示粗颗粒，X 表示细颗粒。细颗粒的硬质合金有较高的抗弯强度和耐磨性。一般硬质合金均是中等颗粒，如 YG6（K10）等。YG 类合金抗弯强度与韧性比 YT 类高，可减少切削时崩刃，但耐热性比 YT 类差，因此主要用于加工铸铁、有色金属与非金属材料。在加工脆性材料时切屑呈崩碎状，能承受对刀具的冲击。YG 类合金导热性较好，有利于降低切削温度。此外，YG 类合金磨削加工性好，可以刃磨出较锋利的刃口，故也适合加工有色金属及纤维层压材料。

合金中含钴量愈高，韧性愈好，适于粗加工，含钴量少的用于精加工。

2. 钨钛钴类（YT 类）硬质合金（GB/T 2075—2007 标准中 P 类）

这类硬质合金的常用牌号有 YT5（P30）、YT14（P20）、YT15（P15）、YT30（P05）等。YT 表示钨钛钴类硬质合金，数字表示 TiC 的含量，如 YT15（P15）表示 TiC 的质量分数为 5%。与 YG 类硬质合金相比，YT 类硬质合金中，由于含有硬度较高的 TiC，故该类硬质合金的硬度（特别是热硬性）、耐磨性和抗氧化能力较高，其导热性能、抗弯强度、可磨削性和可焊性随 TiC 含量的增加而降低。含钴量增加，抗弯强度和韧性有所提高，而硬度和耐磨性却有所降低，反之亦然。

YT 类硬质合金主要用于加工以钢为代表的塑性材料。加工钢时塑性变形大，摩擦剧烈，切削温度较高。YT 类合金磨损慢，刀具寿命高。合金中含 TiC 量较多者，含 Co 量就少，耐磨性、耐热性就更好，适合精加工。但 TiC 量增多时，合金导热性变差，焊接与刃磨时容易产生裂纹。含 TiC 量较少者，则适合粗加工。

3. 钨钛钽（铌）类（YW类）硬质合金（GB/T2075—1998标准中M类）

为提高硬质合金的性能，适应某些难加工材料的加工需要，可在YG类、YT类硬质合金的基础上加入适当的添加剂，形成硬质合金的新品种。常用的添加剂有TaC或NbC，一般质量分数在4%左右，其作用是提高硬质合金的硬度、高温硬度、韧性和耐磨性。这类硬质合金有YA6、YW等几种，其中YW1（M10）和YW2（M20）又称为通用硬质合金，既可加工铸铁又能加工钢，有一定的通用性，但其主要用途是加工钢料和难加工材料。在YG类合金中加入TaC可使刀具在800℃时强度提高约0.15～0.20GPa。在YT类合金中加入TaC可使高温硬度提高约50～100HV。

由于TaC和NbC与钢的粘结温度较高，从而减缓合金成分向钢中扩散，延长刀具寿命，提高合金的抗疲劳强度。能阻止WC晶粒在烧结过程中的长大，有助于细化晶粒，提高合金的耐磨性。TaC在合金中的质量分数达12%～15%时，可提高抵抗周期性温度变化的能力，防止产生裂纹，并提高抗塑性变形的能力。这类合金能适应断续切削及铣削，不易发生崩刃。

此外，TaC或NbC可改善合金的焊接、刃磨工艺性，提高合金的使用性能。

4. 碳化钛基类（YN类）硬质合金（GB/T 2075—1998标准中P01类）

碳化钛基类硬质合金是以TiC为主要成分，Ni、Mo作粘结金属。这类硬质合金的典型牌号是YN10（P05）、YN05（P01），其化学稳定性好，与工件材料亲和力小，减少了刀具与工件的摩擦，有利于降低刀具的磨损和提高已加工表面质量，适合高速精加工合金钢、淬硬钢等。

TiC基合金的主要特点是硬度非常高，达90～95HRA，有较好的耐磨性。特别是TiC与钢的粘结温度高，使抗月牙洼磨损能力强，有较好的耐热性与抗氧化能力，在1000～1300℃高温下仍能进行切削。切削速度可达 300～400m/min。此外，该合金的化学稳定性好，与工件材料亲和力小，能减少与工件的摩擦，不易产生积屑瘤。TiC 基合金的主要缺点是抗塑性变形能力差，抗崩刃性差。

第四节　其他刀具材料

一、陶瓷刀具

1. 陶瓷刀具的特点

陶瓷刀具是以氧化铝（Al_2O_3）或以氮化硅（Si_3N_4）为基体再添加少量金属，在高温下烧结而成的一种新型刀具材料。主要特点是：

（1）有高的硬度与耐磨性　常温硬度达 91～95HRA，超过硬质合金，因此可用于切削 60HRC 以上的硬材料。

（2）有高的耐热性　1200℃下硬度为 80HRA，强度、韧性降低较少。

（3）有高的化学稳定性　在高温下仍有较好的抗氧化、抗粘结性能，因此刀具的热磨损较少。

（4）有较低的摩擦因数　切屑不易粘刀，不易产生积屑瘤。

（5）强度与韧性低　强度只有硬质合金的 1/2，因此陶瓷刀具切削时需要选择合适的几何参数与切削用量，避免承受冲击载荷，以防崩刃与破损。

（6）热导率低　仅为硬质合金的 1/2～1/5，热胀系数比硬质合金高 10%～30%，这就使陶瓷刀耐热冲击性能较差。故陶瓷刀切削时不宜有较大的温度波动，一般不加切削液。

陶瓷刀具一般适用于在高速下精细加工硬材料，如在 v_c＝200m/min 条件下车削淬火钢。但近年来发展的新型陶瓷刀也能半精加工或粗加工多种难加工材料，有的还可用于铣、刨等断续切削。

2. 陶瓷刀具的种类与应用

近几年来陶瓷刀具在开发与性能改进方面取得很大成就，抗弯强度已可达到 90～100MPa。下面介绍几种新型陶瓷刀具材料。

（1）氧化铝-碳化物系陶瓷　这类陶瓷是将一定量的碳化物（一般多用 TiC）添加到 Al_2O_3 中，并采用热压工艺制成，称混合陶瓷或组合陶瓷。TiC 的质量分数达 30％左右时即可有效地提高陶瓷的密度、强度与韧性，改善耐磨性及抗热振性，使刀片不易产生热裂纹，不易破损。

混合陶瓷适合在中等切削速度下切削难加工材料，如冷硬铸铁、淬硬钢等。在切削 60～62HRC 的淬火工具钢时，可选用的切削用量为：$a_p = 0.5$mm，$f = 0.08$mm/r，$v_c = 150$～170m/min。

氧化铝-碳化物系陶瓷中添加 Ni、Co、W 等作为粘结金属，可提高氧化铝与碳化物的结合强度。可用于加工高强度的调质钢、镍基或钴基合金及非金属材料。由于抗热振性能提高，也可用于断续切削条件下的铣削或刨削。

（2）氮化硅基陶瓷　氮化硅基陶瓷是将硅粉经氮化、球磨后添加助烧剂置于模腔内热压烧结而成。主要性能特点是：

1）硬度高，达到 1800～1900HV，耐磨性好。

2）耐热性、抗氧化性好，达 1200～1300℃。

3）氮化硅与碳和金属元素化学反应较少，摩擦因数也较低。实践证明用于切削钢、铜、铝均不粘屑，不易产生积屑瘤，从而提高零件加工表面质量。

氮化硅基陶瓷最大特点是能进行高速切削，车削灰铸铁、球墨铸铁、可锻铸铁等材料效果更为明显，切削速度可提高到 500～600m/min。只要机床条件许可，切削速度还可进一步提高。由于抗热冲击性能优于其他陶瓷刀具，在切削与刃磨时都不易发生崩刃现象。

氮化硅陶瓷适宜于精车、半精车、精铣或半精铣，还可用于精车铝合金，达到以车代磨。还可用于车削 51～54HRC 镍基合金、高锰钢等难加工材料。

二、超硬刀具材料

超硬刀具材料指金刚石与立方氮化硼。

1. 金刚石

金刚石是碳的同素异形体，是目前已知最硬的物质，显微硬度达 10000HV。金刚石刀具有三类：

（1）天然单晶金刚石刀具　主要用于有色金属及非金属的精密加工。单晶金刚石结晶界面有一定的方向，不同的晶面上硬度与耐磨性有较大的差异，刃磨时需选定某一平面，否则影响刃磨与使用质量。

（2）人造聚晶金刚石　人造金刚石是通过合金的触媒作用，在高温高压下由石墨转化而成。聚晶金刚石是将人造金刚石微晶在高温高压下再烧结而成，可制成所需形状尺寸、镶嵌在刀杆上使用。由于抗冲击强度提高，可选用较大的切削用量。聚晶金刚石结晶界面无固定方向，可自由刃磨。

（3）复合金刚石刀片　复合金刚石刀片是在硬质合金基体上烧结一层约 0.5mm 厚的聚晶金刚石。复合金刚石刀片强度较好，允许切削断面较大，也能间断切削，可多次重磨使用。

金刚石刀具的主要优点是：

1）有极高的硬度与耐磨性，可加工硬度为 65～70HRC 的材料。

2）有很好的导热性，较低的热膨胀系数，因此切削加工时不会产生很大的热变形，有利于精密加工。

3）刃面粗糙度值较小，刃口非常锋利，因此能胜任薄层切削，用于超精密加工。

聚晶金刚石主要用于刃磨硬质合金刀具、切割大理石等石材制品。

金刚石刀具主要用于有色金属如铝硅合金的精加工、超精加工，高硬度的非金属材料如压缩木材、陶瓷、刚玉、玻璃等的精加工，以及难加工的复合材料的加工。金刚石耐热温度只有 700～800℃，其工作温度不能过高，又易与碳亲和，故不宜加工钢铁材料。

2. 立方氮化硼（CBN）

立方氮化硼是由六方氮化硼（白石墨）在高温高压下转化而成的，是 20 世纪 70 年代发展起来的新型刀具材料。立方氮化硼刀具的主要优点是：

1）有很高的硬度与耐磨性，硬度达到 3500～4500HV，仅次于金刚石。

2）有很高的热稳定性，1300℃时不发生氧化，与大多数金属、铁系材料都不起化学作用。因此能高速切削高硬度的钢铁材料及耐热合金，刀具的粘结与扩散磨损较小。

3）有较好的导热性，与钢铁的摩擦因数较小。

4）抗弯强度与断裂韧度介于陶瓷与硬质合金之间。

由于立方氮化硼材料的一系列的优点，使它能对淬硬钢、冷硬铸铁进行粗加工与半精加工；同时还能高速切削高温合金、热喷涂材料等难加工材料。

立方氮化硼也可与硬质合金热压成复合刀片，复合刀片的抗弯强度可达 1.47GPa，能经多次重磨使用。

应指出的是，加工一般材料大量使用的还是高速钢与硬质合金，只有加工高硬度的材料或超精加工时使用超硬材料才有较好的经济效益。

思考与练习题

1. 刀具切削部分材料应具备哪些性能？

2. 普通高速钢有哪几种牌号？它们主要的物理力学性能如何？适合做什么刀具？

3. 高性能高速钢有几种类型？与普通高速钢比较有什么特点？

4. 常用的钨钴类、钨钛钴类、钨钛钽（铌）类、碳化钛基类硬质合金有哪些牌号？它们的用途如何？为什么？

5. 陶瓷刀具材料有何特点？各类陶瓷刀具材料的适用场合如何？

6. 金刚石与立方氮化硼各有何特点？它们的适用场合如何？

第二章　刀具的几何形状和切削要素

在金属切削加工中，除了要有一定切削性能的切削刀具外，还要有机床提供工件与切削刀具之间所必需的相对运动，这种相对运动应与工件各种表面的形成规律和几何特征相适应。本章主要介绍各种切削加工方法中有关的一些共性问题，如切削时的运动、刀具几何形状及切削用量等概念。

第一节　切削过程中的运动和形成的表面

一、切削过程中的运动

机器零件的形状虽然多种多样，但总是由一些基本的表面（如平面、外圆柱（锥）面、内圆柱（锥）面）和具有一定规律的曲面所组成的。这些基本表面的形成，是通过机床上的工件和刀具作相对运动来实现的。工件与刀具的相对运动称为切削运动，它包括主运动和进给运动。

1. 主运动

由机床或人力提供的主要运动，它促使刀具和工件之间产生相对运动，从而使刀具前面接近工件。主运动的速度可用 v_c 表示。通常主运动的速度较高，消耗的切削功率也较大。一般地，一种切削加工中的主运动只有一个。

主运动可以由工件来完成，如车削时工件的回转运动（图 2-1a）；主运动也可以由刀具来完成，如铣削时铣刀的回转运动（图 2-1b）、钻削时钻头的回转运动（图 2-1d）和磨削时砂轮的回转运动（图 2-1e）。在运动形式上，主运动除了回转运动外，还可以是直线往复运动，如刨削时刨刀的直线往复运动。

2. 进给运动

由机床或人力提供的运动，它使刀具与工件之间产生附加的相对运动，即可不断地或连续地切除切屑，并得出具有所需几何特性的已加工表面。进给运动可以是连续性的，如车削时车刀的连续进给；也可以是间歇性的，如刨削加工时，工件的横向间歇移动。一种切削加工中，进给运动可以是一个，也可能是多个。图 2-1 所示为几种常见的切削加工方法的主运动和进给运动。

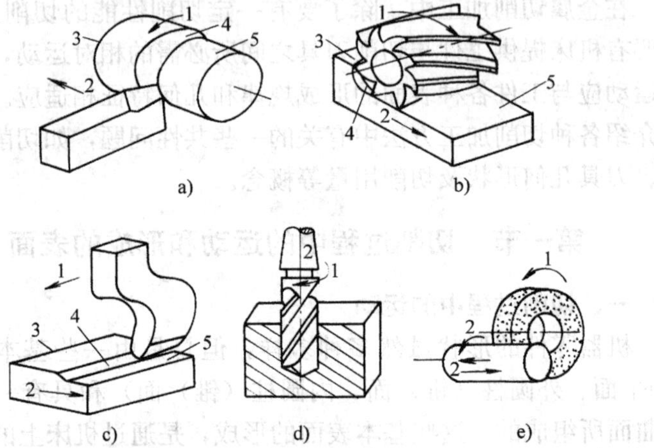

图 2-1　几种常见的切削加工方法的主运动和进给运动
a）车外圆　b）铣平面　c）刨平面　d）钻孔　e）磨外圆
1—主运动　2—进给运动　3—待加工表面　4—过渡表面　5—已加工表面

二、切削过程形成的表面

切削时，在工件上会形成待加工表面、过渡表面和已加工表面这三个表面（图 2-1）。

（1）待加工表面　工件上有待切除的表面。

（2）过渡表面　工件上由切削刃形成的那部分表面，它在下一切削行程，刀具或工件的下一转里被切除，或者由下一切削刃切除。

（3）已加工表面　工件上经刀具切削后产生的表面。

第二节　刀具切削部分的基本定义

金属切削刀具种类很多，其中车刀比较典型，其他各种刀具的切削部分都是以车刀为基本形态演变而成的。下面以外圆车刀为例分析刀具切削部分的结构。

一、车刀的组成

车刀由刀体和刀柄两部分组成的。刀体担负切削工作，又叫切削部分。刀柄用来装夹刀具。刀体是由若干刀面和切削刃组成的（图 2-2a、b、c）。

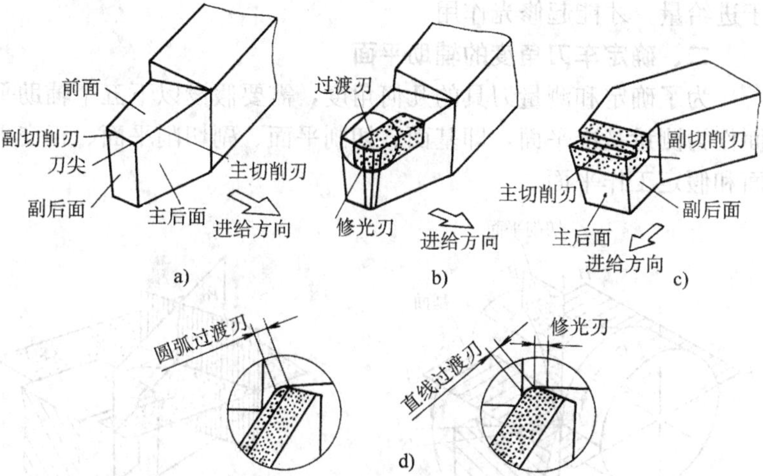

图 2-2　车刀切削部分的组成

（1）前面（前刀面）A_γ　前面是刀具上切屑流过的表面。

（2）后面（后刀面）　后面是刀具上与工件上切削中产生的表面相对的表面。后面分主后面和副后面。刀具上同前面相交形成主切削刃的后面称为主后面 A_α；刀具上同前面相交形成副切削刃的后面称为副后面 A_α'。

（3）切削刃　切削刃是刀具前面上拟作切削用的刃，分主切削刃和副切削刃。主切削刃 S 是起始于切削刃上主偏角为零的点，并至少有一段切削刃拟用来在工件上切出过渡表面的那个整段切削刃，它担负主要的切削工作；副切削刃 S' 是切削刃上除主切削刃以外的刃，也起始于主偏角为零的点，但它向背离主切削刃的方向延伸，它配合主切削刃完成少量的切削工作。

（4）刀尖　刀尖是主切削刃与副切削刃的连接处相当少的一部分切削刃。为了提高刀尖强度，延长刀具寿命，通常将刀尖磨成圆弧形或直线形过渡刃（图 2-2d）。一般硬质合金车刀的刀尖圆弧半径 r_ε＝0.5～1mm。

（5）修光刃　副切削刃近刀尖处一小段平直的切削刃称修光刃。装刀时必须使修光刃与进给方向平行，且修光刃长度必须大于进给量，才能起修光作用。

二、确定车刀角度的辅助平面

为了确定和测量刀具的几何角度，需要假设以下五个辅助平面作为测量基准平面，即基面、切削平面、副切削平面、正交平面和假定工作平面。

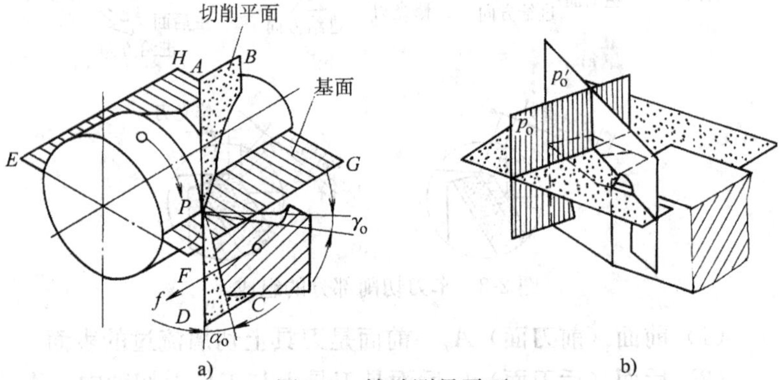

图 2-3　辅助测量平面
a）基面与切削平面　b）正交平面

（1）基面 p_r　过切削刃选定点的平面，它平行或垂直于刀具在制造、刃磨及测量时适合于安装或定位的一个平面或轴线，一般来说其方位要垂直于假定的主运动方向。如图 2-3a 中的 *EFGH* 平面即为 *P* 点的基面。

（2）主切削平面 p_s　通过主切削刃选定点与主切削刃相切并垂直于基面的平面。如图 2-3a 中的 *ABCD* 平面即为 *P* 点的切削平面。

（3）副切削平面 p_s'　通过副切削刃选定点与副切削刃相切

并垂直于基面的平面。

显然，切削平面和基面始终是相互垂直的。对于车削，基面一般是通过工件轴线的。

（4）正交平面 p_o　通过切削刃选定点并同时垂直于基面和切削平面的平面。如图 2-3b 中通过 p 点的 p_o 截面为正交平面。

（5）假定工作平面 p_f　通过切削刃选定点并垂直于基面，它平行或垂直于刀具在制造、刃磨及测量时适合于安装或定位的一个平面或轴线，一般说来其方位要平行于假定的进给方向。

三、车刀切削部分的几何角度

车刀切削部分共有六个独立的基本角度：前角（γ_o）、主后角（α_o）、副后角（α_o'）、主偏角（κ_r）、副偏角（κ_r'）和刃倾角（λ_s）。还有几个派生的角度如楔角（β_o）和刀尖角（ε_r）等。外圆车刀角度的标注如图 2-4 所示。

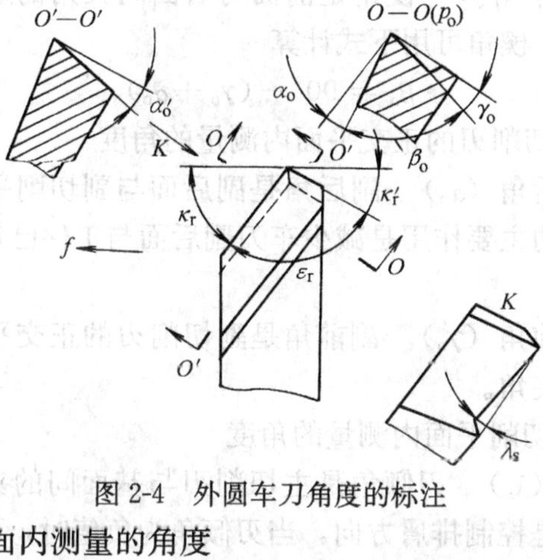

图 2-4　外圆车刀角度的标注

1. 在基面内测量的角度

（1）主偏角（κ_r）　主偏角是主切削刃在基面上的投影与进给方向之间的夹角，也是主切削平面与假定工作平面间的夹角。主偏角的主要作用是改变主切削刃和刀头的受力及散热情况。

（2）副偏角（κ_r'）　副偏角是副切削刃在基面上的投影与背离进给方向之间的夹角，也是副切削平面与假定工作平面间的夹角。

副偏角的主要作用是减少副切削刃与工件已加工表面的摩擦。

（3）刀尖角（ε_r） 刀尖角是主、副切削刃在基面上的投影之间的夹角，也是主切削平面与副切削平面间的夹角，它影响刀尖强度和散热性能。刀尖角可用下式计算

$$\varepsilon_r = 180^\circ - (\kappa_r + \kappa_r')$$

2. 在主切削刃正交平面内测量的角度

（1）前角（γ_o） 前角是前面与基面间的夹角。前角影响刃口的锋利程度和强度的大小，影响切削变形和切削力。前角增大能使车刀刃口锋利，减少切削变形，可使切削省力，并使切屑顺利排出；负前角能增加切削刃强度并耐受冲击。

（2）主后角（α_o） 主后角是主后面和切削平面之间的夹角。主后角的主要作用是减少车刀主后面与工件过渡表面之间的摩擦。

（3）楔角（β_o） 楔角是前面与后面间夹角的通称，它影响刀头的强度。楔角可用下式计算

$$\beta_o = 90^\circ - (\gamma_o + \alpha_o)$$

3. 在副切削刃的正交平面内测量的角度

（1）副后角（α_o'） 副后角是副后面与副切削平面之间的夹角，副后角的主要作用是减少车刀副后面与工件已加工表面之间的摩擦。

（2）副前角（γ_o'） 副前角是副切削刃的正交平面内前面与基面之间的夹角。

4. 在主切削平面内测量的角度

刃倾角（λ_s） 刃倾角是主切削刃与基面间的夹角。刃倾角的主要作用是控制排屑方向，当刃倾角为负值时，可增加刀头的强度，并且在车刀受冲击时保护刀尖。

5. 刀具角度正负值的规定

（1）前角正负值的规定 前角有正值、负值和零度三种。如图 2-5a 所示，在正交平面中，前面 A_γ 与切削平面 p_s 之间夹角小于 90°时，前角为正值（$\gamma_o > 0°$）；大于 90°时，前角为负值

($\gamma_o < 0°$)；等于 90°时，前角为零 ($\gamma_o = 0°$)。

（2）后角正负值的规定　后角有正值、负值和零度三种。如图 2-5a 所示，后面与基面夹角小于 90°时，后角为正值 ($\alpha_o > 0°$)；大于 90°时，后角为负 ($\alpha_o < 0°$)；等于 90°，后角为零 ($\alpha_o = 0°$)。

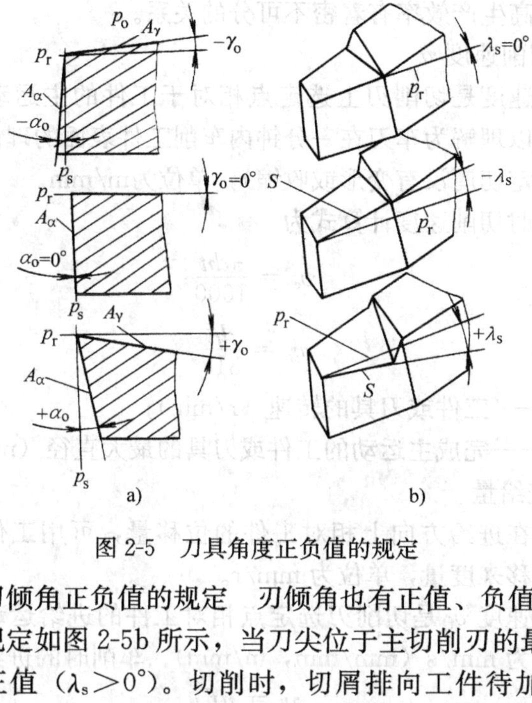

图 2-5　刀具角度正负值的规定

（3）刃倾角正负值的规定　刃倾角也有正值、负值和零度三种。具体规定如图 2-5b 所示，当刀尖位于主切削刃的最高点时，刃倾角为正值 ($\lambda_s > 0°$)。切削时，切屑排向工件待加工表面，切屑不易擦毛已加工表面，车出的工件表面粗糙度值小，但此时刀尖强度较差，尤其是在车削不圆整的工件时，刀尖容易受到冲击，使刀尖容易损坏。当刀尖位于主切削刃的最低点时，刃倾角为负值 ($\lambda_s < 0°$)。切削时，切屑排向工件已加工表面，容易擦毛已加工表面，但刀尖强度好，受到冲击时，冲击点先接触在远离刀尖的切削刃处，从而保护了刀尖。当主切削刃和基面平行时，刃倾角为零度 ($\lambda_s = 0°$)，切削时，切屑基本上垂直于主切削刃方向排出。

第三节　切 削 要 素

一、切削用量的基本概念

切削用量是在切削加工过程中的切削速度、进给量和背吃刀量的总称，是衡量主运动和进给运动大小的参数。合理选择切削用量与提高生产效率有着密不可分的关系。

1. 切削速度 v_c

切削速度是切削刃上选定点相对于工件的主运动的瞬时速度，也可以理解为车刀在一分钟内车削工件表面的理论展开直线长度（假定切屑没有变形或收缩），单位为m/min。

车削时切削速度计算式为

$$v_c = \frac{\pi dn}{1000}$$

或

$$v_c = \frac{dn}{318}$$

式中　n——工件或刀具的转速（r/min）；

d——完成主运动的工件或刀具的最大直径（mm）。

2. 进给量 f

刀具在进给方向上相对工件的位移量，可用工件每转（行程）的位移来度量，单位为 mm/r。

进给速度 v_f 是切削刃选定点相对工件的进给运动的瞬时速度，单位为 mm/s（mm/min，m/min）。车削时的进给速度为

$$v_f = nf$$

3. 背吃刀量 a_p

在通过切削刃基点并垂直于工作平面的方向上测量的吃刀量，车削外圆时

$$a_p = \frac{d_w - d_m}{2}$$

式中　a_p——背吃刀量（mm）；

d_w——工件待加工表面直径（mm）；

d_m——工件已加工表面直径（mm）。

二、切削层参数

切削时，由切削部分的一个单一动作（或指切削部分切过工件的一个单程，或指只产生一圈过渡表面的动作）所切除的工件材料层称为切削层。切削层参数，是指切削层在切削层尺寸平面内所截得的截面形状和尺寸。

如图 2-6 所示，当主、副切削刃均为直线，且 $\lambda_s=0°$，$\kappa_r<90°$时，切削层公称横截面 $ABCD$ 为平行四边形，若 $\kappa_r=90°$时，则为矩形。

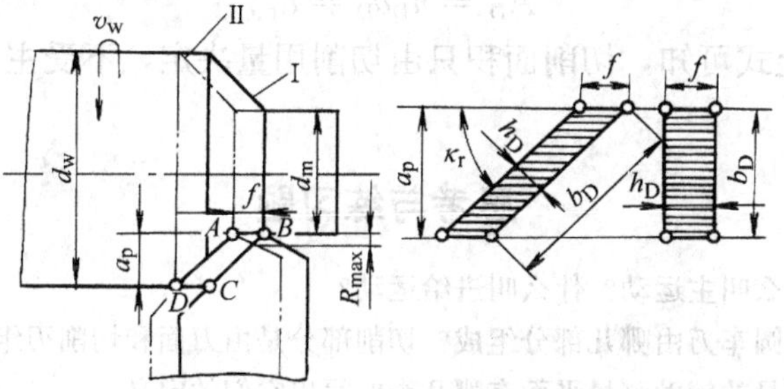

图 2-6 切削层参数

切削层尺寸是指在刀具切削层尺寸平面中度量的切削层长度与宽度，它与背吃刀量 a_p 和进给量 f 的大小有关。但直接影响切削过程的是切削层横截面及其厚度、宽度尺寸，它们的定义与符号如下：

1. 切削层公称宽度 b_D

在给定瞬间，作用主切削刃截形上两个极限点间的距离，在切削层尺寸平面中测量。车外圆当刀具 $\lambda_s=0°$时

$$b_D - \frac{a_p}{\sin\kappa_r}$$

切削宽度 b_D 的大小，直接表示主切削刃参加切削的长度。在一定条件下，增加主切削刃的切削长度能提高生产率。当 $\kappa_r=90°$时，$b_D=b_{Dmin}=a_p$。

2. 切削层公称厚度 h_D

在同一瞬间的切削层横截面积与其切削层公称宽度之比。车

外圆当刀具 $\lambda_s=0°$时

$$h_D = f\sin\kappa_r$$

切削厚度 h_D 的大小，可以反映主切削刃单位长度上的工作量，对切削层的变形、断屑、切削力、刀具磨损等均有显著影响。当 $\kappa_r=90°$时，$h_D=h_{Dmax}=f$。

3. 切削层公称横截面积 A_D

在给定的瞬间，切削层在切削层尺寸平面里的实际横截面积。

$$A_D = h_D b_D = a_p f$$

由上式可知，切削面积只由切削用量决定，不受主偏角变化的影响。

思考与练习题

1. 什么叫主运动？什么叫进给运动？

2. 外圆车刀由哪几部分组成？切削部分是由刀面和切削刃组成的吗？

3. 刀具的辅助测量平面有哪几个？写出它们的定义。

4. 刀具切削部分的几何角度有哪些？写出常用的角度的定义和作用。

5. 刀具的前角、后角和刃倾角的正负值是如何确定的？

6. 作图表示 75°外圆车刀，刀杆尺寸为 25mm×25mm，$\gamma_o=10°$，$\alpha_o'=\alpha_o=8°$，$\kappa_r'=15°$，$\lambda_s=-5°$。

7. 什么叫切削层？它包括哪些参数？当主偏角发生变化时，这些参数将如何变化？

第三章　金属的切削过程

金属切削过程是刀具前面推挤切削层，使其产生切屑和得到需要的加工表面的过程。在这一过程中，始终存在着刀具切削工件和工件材料抵抗切削的矛盾，从而产生一系列物理现象，如切削变形、切削力、切削热与切削温度以及有关的刀具磨损与刀具寿命长短、断屑等。研究金属切削过程中这些物理现象的基本理论，对提高金属切削加工的生产率和工件表面的加工质量，减少刀具的损耗，有着十分重要的意义。

第一节　切屑的形成

一、切削时的变形区

金属的变形有弹性和塑性两种。弹性变形是可恢复的变形，而塑性变形是永久性的变形。图 3-1 所示为金属的挤压变形示意图。当金属试件受挤压时（图 3-1a），内部产生切应力应变，剪切面为 *OM* 和 *AB* 两个面。如产生滑移变形的话，金属便一定沿此两面中的任何一面发生滑移。当金属受偏挤压时（图 3-1b），试件上只有一部分金属（*OB* 线以上）受到挤压，*OB* 线以下因受到金属母体的阻碍，只能沿 *OM* 线滑移。

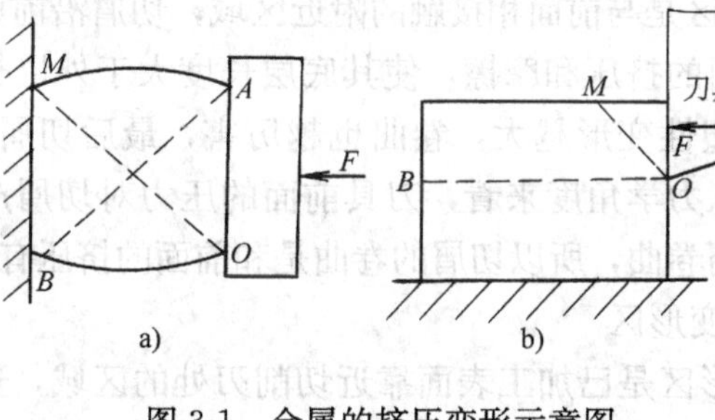

图 3-1　金属的挤压变形示意图

为了进一步分析切削层变形的特殊规律，通常把被切削刃作用部位的金属层划分为三个变形区，如图 3-2 所示。

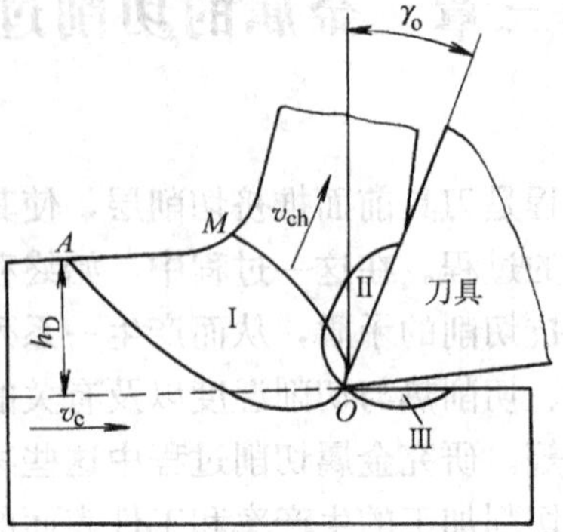

图 3-2　三个变形区

1. 第Ⅰ变形区

这一区域是由靠近切削刃的 *OA* 线处开始发生塑性变形，到 *OM* 线处的剪切滑移基本完成。当切削层受到楔形刀具的挤压和刃口的切割时，在刃口处与母体分离，改变运动方向（一般 55°～90°），沿刀具前面流出。这时在切削层内部必然发生很大的弹性变形和塑性变形。当塑性变形超过金属的极限强度，金属就断裂下来形成切屑。所以第一变形区的主要特征就是沿滑移线的剪切变形以及随之产生的加工硬化。

2. 第Ⅱ变形区

第Ⅱ变形区是与前面相接触的附近区域，切屑沿前面排出，进一步受到前面的挤压和摩擦，使其底层长度大于外层长度，因而发生卷曲。塑性变形越大，卷曲也越厉害，最后切屑离开前面，变形结束。从力学角度来看，刀具前面的压力对切屑产生一个弯矩，迫使切屑卷曲，所以切屑的卷曲是和前面的挤压有关的。

3. 第Ⅲ变形区

第Ⅲ变形区是已加工表面靠近切削刃处的区域，这一区域内的金属受到切削刃钝圆部分和后面的挤压、摩擦与回弹，造成加工硬化。

这三个变形区各具有特点，又存在着相互联系、相互影响。同时，这三个变形区都在切削刃的直接作用下，是应力比较集中，变形比较复杂的区域。

二、切屑的类型

由于工件材料和切削条件的不同，形成的切屑形状也就不同，一般切屑的形状有四种类型。

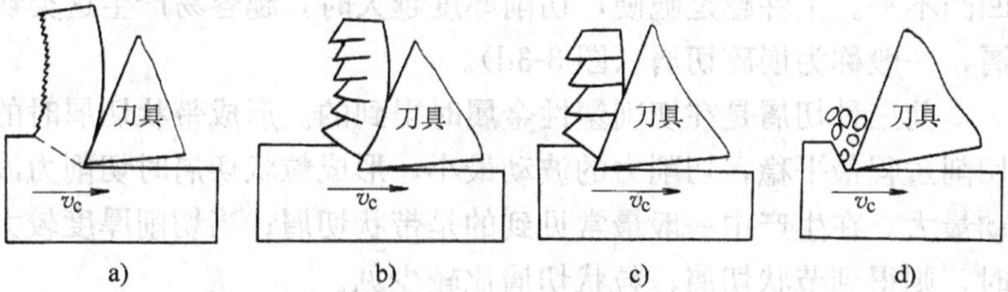

图 3-3　切屑的类型

a）带状切屑　b）节状切屑　c）粒状切屑　d）崩碎切屑

1. 带状切屑

带状切屑（图 3-3a）是最常见的一种切屑，它的内表面是光滑的，外表面是毛茸状面，如用显微镜观察，在外表面上也可以看到剪切面的条纹，但每个单元很薄，肉眼看上去大体是平整的。一般加工塑性金属材料，切削厚度较小，切削速度较高，刀具前角较大，得到的往往是这类切屑。它的切削过程比较平稳，切削力波动较小，已加工表面的表面粗糙度值较低。但带状切屑容易伤人和妨碍工作，故应采取断屑措施。

2. 节状切屑（挤裂切屑）

节状切屑（图 3-3b）的外形和带状切屑不同之处在于外表面呈锯齿形，内表面有时有裂纹。这种切屑大都在切削速度较低、切削厚度较大情况下产生。切削力有波动，因而工件的表面粗糙度值较高一些。

3. 粒状切屑（单元切屑）

如果整个剪切面上剪应力超过了材料的破裂强度，则整个单元被切离，成为梯形的粒状切屑（图 3-3c）。由于各粒形状相似，所以又称为单元切屑。这时切削力变化较大，刃口附近压力大，表面较粗糙。

4. 崩碎切屑

切削脆性金属时，由于材料的塑性很小，抗拉强度较低，刀具切入后，切削层内靠近切削刃和前面的局部金属未经明显的塑性变形就脆断，形成不规则的碎块状切屑，同时使工件加工表面凹凸不平。工件越是脆硬，切削厚度越大时，越容易产生这类切屑，一般称为崩碎切屑（图 3-3d）。

前三种切屑是在切削塑性金属时得到的。形成带状切屑时的切削过程最平稳，切削力的波动最小，形成粒状切屑时切削力波动最大。在生产中一般最常见到的是带状切屑；当切削厚度较大时，则得到节状切屑；粒状切屑比较少见。

三、切屑变形系数

经过滑移变形后形成的切屑，其外形尺寸较原来的切削层尺寸长度变短而厚度增加（宽度则基本不变），这种切屑变形现象称为切屑收缩（图3-4）。切屑收缩的程度可用切屑变形系数“ξ”表示。

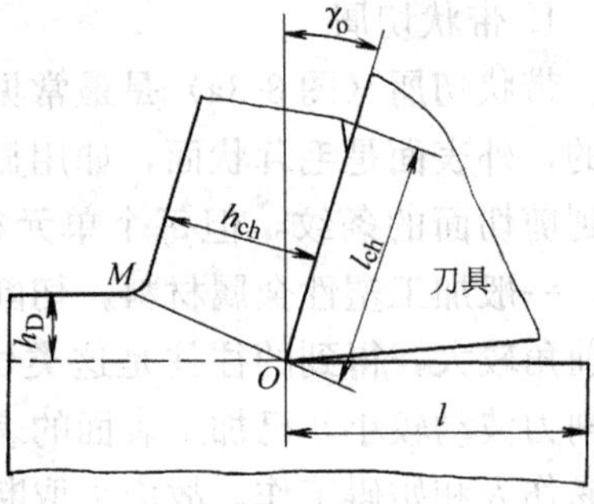

图 3-4　切屑变形

$$\xi=\frac{l}{l_{ch}}=\frac{h_{ch}}{h_D}>1$$

式中　l——切削层的长度（mm）；

l_{ch}——切屑的长度（mm）；

h_{ch}——切屑的厚度（mm）；

h_D——切削层公称厚度（mm）。

ξ 值的大小能直观地反映切屑的变形程度，ξ 值越大，表示切屑越厚而短，切屑变形就越大，否则反之。

第二节　积屑瘤与加工硬化

一、积屑瘤

在切削塑性金属材料时，在切削速度不高又能形成带状切屑的情况下，常有一些从切屑和工件上带来的金属“冷焊”在前面上，在靠近切削刃处形成一个楔块（图 3-5）。这楔块的硬度较高（约为工件材料硬度的 2～3.5 倍），并且在前面上形成新的前角（$\gamma_{瘤}$），这个楔块就是积屑瘤（也称为刀瘤）。

1. 积屑瘤的形成

当在一定的加工条件下，随着切屑与前面间温度和压力的增加，摩擦力也增大，使近前面处切屑中塑性变形层流速减慢，产生“滞留”现象。越是贴近前面处的金属层，流速越低。当温度和压力增加到一定程度，滞留层中底层与前面产生了粘结。当切屑底层中剪应力超过金属的剪切屈服强度极限时，底层金属流速为零而被剪断，并粘结在前面上。在后继切屑流动推挤下，前面切屑的底层便于上层发生相对的滑移而分离开来，成为积屑瘤的基础，随着新的底层又在此基础上冷焊并脱离切屑。如此逐层脱离切屑，逐层在前一层上积聚，最后长成积屑瘤。

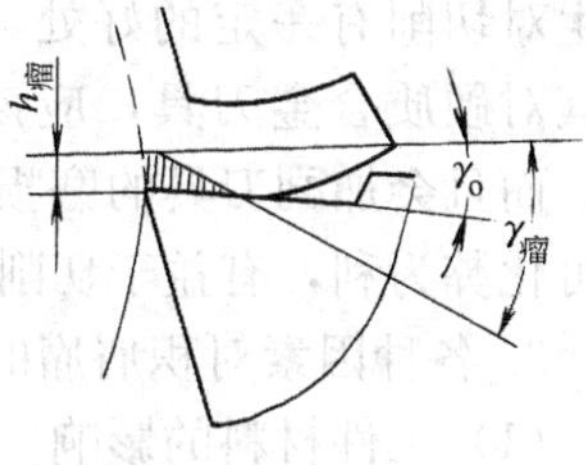

图 3-5　积屑瘤

2. 积屑瘤对加工的影响

（1）增大实际前角　有积屑瘤的车刀，实际前角可增大至 30°～50°左右，因而减少了切屑的变形，降低了切削力。

（2）保护刀具　积屑瘤包围着切削刃，同时覆盖着一部分前面。积屑瘤一旦形成，它便代替切削刃和前面进行切削。切削刃和刀面都得到积屑瘤的保护，减少了刀具的磨损。

（3）增大切削厚度　积屑瘤的前端伸出切削刃之外，改变了背吃刀量，有积屑瘤的切削厚度比没有积屑瘤时增大，因而影响了工件的加工尺寸。

（4）增大已加工表面的表面粗糙度值　积屑瘤的底部较上部稳定，但在通常条件下，积屑瘤总是不稳定的。它时大时小，时生时灭。在切削过程中，一部分积屑瘤被切屑带走，另一部分嵌入工件已加工表面内，使工件表面产生硬点和毛刺，增大了已加工表面的表面粗糙度值。

由上可知，由于积屑瘤会影响工件的加工尺寸及增大已加工表面的表面粗糙度值，所以精加工时一定要设法避免。粗加工时，虽然对加工工件的尺寸精度与表面质量要求不高，积屑瘤的产生对切削有一定的好处（增大前角），但也并不希望它产生。尤其对硬质合金刀具，应该尽量避免，否则，不仅容易引起振动，而且会加剧刀具的磨损。但是只要掌握其形成及变化规律，仍可化弊为利，有益于切削加工。

3. 各种因素对积屑瘤的影响

（1）工件材料的影响　塑性高的材料，由于切削时塑性变形较大，因此积屑瘤就容易形成；而脆性材料一般没有塑性变形，并且切屑不在刀具前面流过，因此无积屑瘤产生。

（2）切削速度的影响　切削速度主要通过切削温度影响积屑瘤。低速时（$v_c<5$m/min）切削温度较低，切屑流动速度较慢，摩擦力未超过切屑分子的结合力，不会产生积屑瘤。高速时（$v_c\geqslant70$m/min），温度很高，切屑底层金属变软，摩擦因数明显降低，积屑瘤也不会产生。当中等速度（$v_c=15\sim20$m/min）时，切削温度约为300℃左右，这时摩擦因数最大，最容易产生积屑瘤（图3-6）。

（3）刀具前角的影响　采用小前角比用大前角时容易产生积屑瘤，因为前角小，切屑变形剧烈，前面的摩擦力也较大，同时温度也较高，因此容易产生积屑瘤；反之前角较大时，切屑对刀具前面的正压力减少，切削力和切屑变形也随之减少，不容易产生积屑瘤，当前角大到40°～50°时一般不会产生积屑瘤。

（4）刀具表面粗糙度的影响　降低刀具前面粗糙度值，可减少积屑瘤的产生。

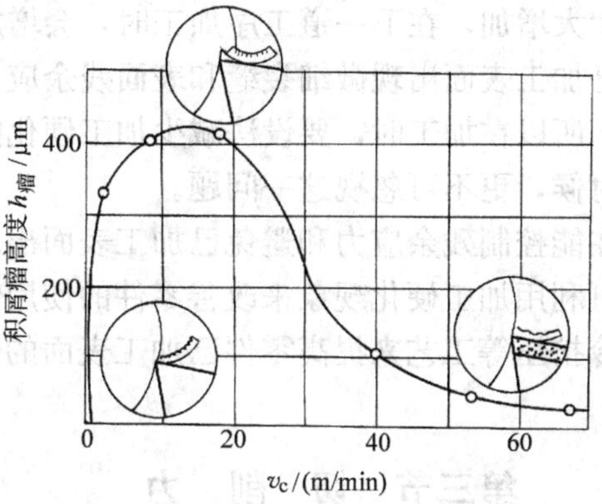

图 3-6 切削速度对积屑瘤的影响

(5) 切削液的影响 切削液中含有活性物质，能迅速渗入加工表面和刀具之间，减少切屑跟刀具前面的摩擦，并能降低切削温度，所以不易产生积屑瘤。

二、加工硬化

1. 加工硬化的形成

如图 3-7 所示，由于刀具的刃口不是绝对锋利的，具有刀尖圆弧半径 r_ε，刀刃实际上是处于前面边缘并与前面相连的小曲面。在切削过程中，在第Ⅲ变形区(即近切削刃处已加工面表层内产生的变形区域)有一薄金属层 $\Delta\alpha_o$ 不能沿 OM 面滑移，经过切削刃钝圆部分和后面磨损棱面 (BE) 的挤压、摩擦和弹性恢复 (厚度为 Δh)，留在已加工表面上，产生塑性变形，造成纤维化与加工硬化。其硬度是原来工件材料硬度的 1.8～2 倍。变形程度越大，则已加工表面硬化程度越高，硬化层的深度也越深。

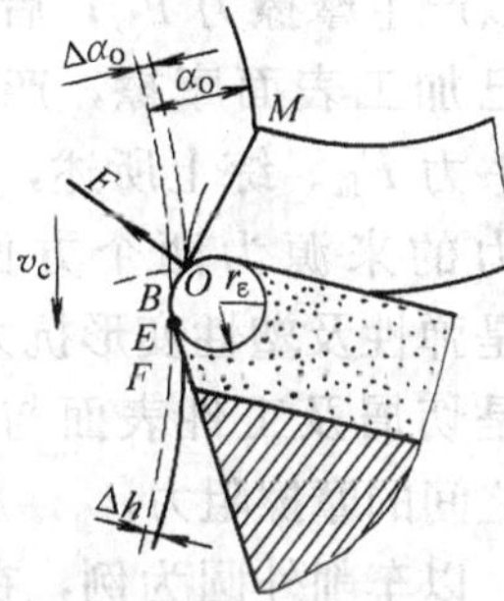

图 3-7 加工硬化

2. 加工硬化对加工的影响

加工硬化现象对金属切削加工有着直接的影响，由于工件材料表层的硬度大大增加，在下一道工序加工时，会增加刀具的磨损，并可能使已加工表面出现微细裂缝和表面残余应力，影响零件的表面质量。所以在加工时，要设法减少加工硬化的影响，尤其在精加工的时候，更不可忽视这一问题。

但是，若在能控制残余应力和避免已加工表面出现微细裂缝的条件下，也可利用加工硬化现象来改善零件的使用性能，如采用滚压加工及冷挤压等工艺来提高零件已加工表面的硬度、强度和耐磨性。

第三节 切 削 力

在切削过程中产生的切削力大小相等、方向相反地作用在刀具、工件、夹具和机床上。切削力是设计机床、夹具和刀具的重要依据之一。

一、切削力的来源

在切削过程中，切屑和工件已加工表面都要产生弹性变形和塑性变形。这些变形产生的抗力如图 3-8 所示。法向力 $F_{n\gamma}$ 和 $F_{n\alpha}$ 分别作用在前面和后面上。又因为切屑沿前面流出，所以产生摩擦力 $F_{f\gamma}$；后面与已加工表面摩擦，产生摩擦力 $F_{f\alpha}$。综上所述，切削力的来源为两个方面：一是弹性及塑性变形抗力，二是切屑及工件表面与刀具之间的摩擦阻力。

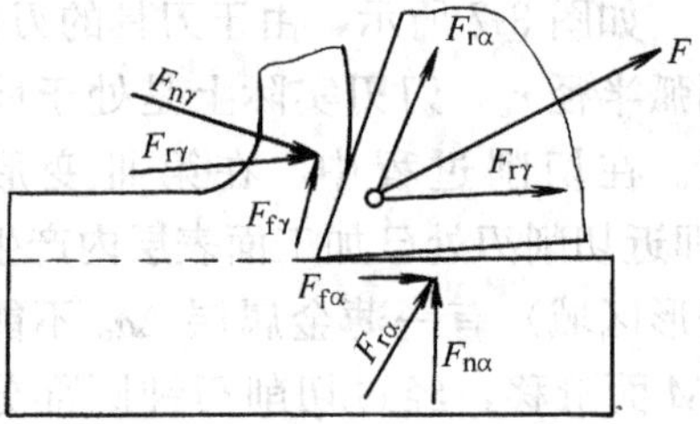

图 3-8 切削力的来源合成

以车削外圆为例，在不考虑其他因素下，切削力的合力 F 就在正交平面内。具体的矢量合成是：$F_{n\gamma}$ 与 $F_{f\gamma}$ 的合力为 $F_{r\gamma}$；$F_{n\alpha}$ 与 $F_{f\alpha}$ 的合力为 $F_{r\alpha}$；而 $F_{r\gamma}$ 与 $F_{r\alpha}$ 的合力为 F。合力 F 就是作用在车刀上的总切削力。

合力 F 的大小和方向都不容易测量。为了便于测量和应用，通

常把合力 F 先分解为水平分力 F_D 和主切削力 F_c，F_D 再分解为进给力 F_f 和背向力 F_p，形成三个互相垂直的分力，如图 3-9 所示。

当已知三个分力的数据后，合力 F 的数值可按下式计算

$$F_D = \sqrt{F_p{}^2 + F_f{}^2}$$

$$F = \sqrt{F_D{}^2 + F_c{}^2}$$

$$F = \sqrt{F_f{}^2 + F_p{}^2 + F_c{}^2}$$

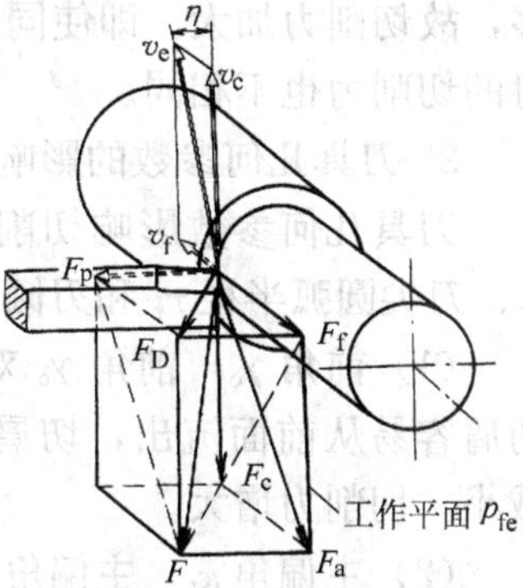

图 3-9　切削力的分解

二、三个切削分力的实用意义

主切削力 F_c 垂直于基面，与切削速度方向一致，所以又称切向力。在切削加工中，主切削力 F_c 所消耗的功最多，所以它是计算机床功率、刀柄、刀片强度以及夹具设计、选择切削用量等的主要依据。

背向力 F_p 在基面内，并与进给方向相垂直，也叫切深抗力。在车外圆时，背向力 F_p 使工件在水平面内弯曲。它会影响工件的形状精度，而且容易引起振动。在校验工艺系统的刚性时，要以背向力 F_p 为依据。

进给力 F_f 也在基面内，它与进给方向相平行，也叫进给抗力。进给力 F_f 是校核机床进给机构强度的主要依据。

在一般情况下，主切削力 F_c 最大，F_p 和 F_f 小一些。随着刀具角度、刃磨质量、磨损情况和切削用量的不同，F_p、F_f 对 F_c 的比值在很大范围内变化。

三、影响切削力的因素

凡是影响变形和摩擦的因素都影响切削力的大小，其中以工件材料为主，其次是刀具几何参数、切削用量。

1. 工件材料的影响

一方面工件材料的强度和硬度越高，切削力相应增大；另一方面随着强度增加，变形系数减小，又会降低切削力。但综合来看，切削力仍是增大。对于强度、硬度相近的材料，塑性大者切

削力也大。这是因为材料塑性大，韧性好，刀具和切屑之间的摩擦加大，切削变形增加，切削过程中将加剧加工硬化，因此耗能多，故切削力加大。即使同一种材料，由于制造方法不同，加工时的切削力也不相同。

2. 刀具几何参数的影响

刀具几何参数影响切削力的主要因素有：前角 γ_o、主偏角 κ_r、刀尖圆弧半径 r_ε 和刃倾角 λ_s 等。

（1）前角 γ_o　前角 γ_o 对切削力的影响较大，当 γ_o 增大时，切屑容易从前面流出，切屑变形小，因此切削力下降。反之 γ_o 减小，切削力增大。

（2）主偏角 κ_r　主偏角 κ_r 对 F_p 和 F_f 的影响较大，从图 3-10 可以看出，主偏角 κ_r 变化时水平分力 F_D 的方向发生变化，分解到背向和进给方向的两个分力的大小也随着变化。因为 $F_p=F_D\cos\kappa_r$，$F_f=F_D\sin\kappa_r$。所以当 κ_r 增大时，F_p 减小，F_f 增大。在加工细长轴零件时，一般宜取 $\kappa_r=90°$，以减少 F_p，防止零件变形。

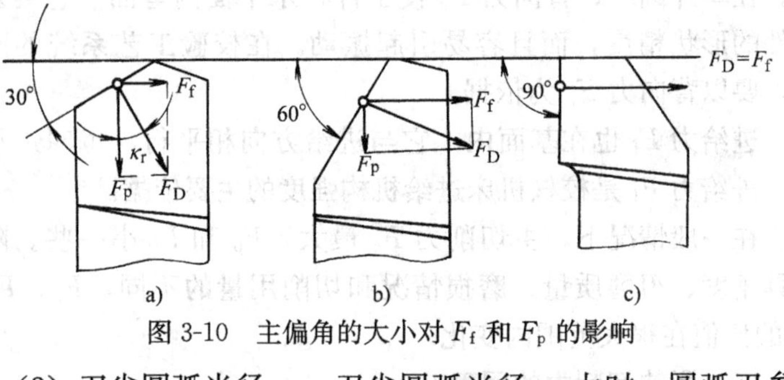

图 3-10　主偏角的大小对 F_f 和 F_p 的影响

（3）刀尖圆弧半径 r_ε　刀尖圆弧半径 r_ε 大时，圆弧刃参加切削的长度增加，使切屑变形和摩擦力增大，所以切削力也变大。此外，由于圆弧刀刃上主偏角的变化（平均主偏角减小），使切削力 F_p 增大。因此，当工艺刚性较差时，应选小的圆弧半径，以避免振动。

（4）刃倾角 λ_s　刃倾角 λ_s 在 $-5°\sim5°$ 的范围内变化时，对切削力的影响不大，但沿正值继续增大时，F_c 基本不变，但会使

F_p 减小，F_f 增大，其中尤其对 F_p 的影响较显著。这主要是因为变形抗力是垂直作用于刀具前面的，当刃倾角 λ_s 由负到正，由小到大变化时，合力 F 的方向也随之改变，分力 F_p 和 F_f 的大小也在变化的缘故。因此在一般情况下，负值的刃倾角不宜过大，只有当加工余量不均匀或刀具受到冲击载荷，而工艺系统刚性较好时，才能采用较大的负刃倾角。

3. 切削用量的影响

（1）切削速度的影响　切削速度对切削力的影响与材料性质、积屑瘤等有关。切削塑性金属时，切削速度对切削力的影响可分为两个阶段。在有积屑瘤阶段，切削速度从低速逐渐增大，刀具实际切削前角增大，切削力逐渐减小。积屑瘤达到最大值时，切削力最小。此后，随着切削速度继续增加，积屑瘤逐渐减小，切削力逐渐增大。积屑瘤消失时，切削力达到最大值。随着切削速度的继续增大，切削温度升高，摩擦因数减小，切削力逐渐降低。

（2）背吃刀量 a_p 或进给量 f 的影响　背吃刀量 a_p 或进给量 f 增加，切削层公称横截面积增大，弹性、塑性变形总量及摩擦力增加，从而使切削力增大，但两者对变形和摩擦增加的程度是不同的。如图 3-11 所示，当 f 不变，a_p 增大一倍时，主切削刃

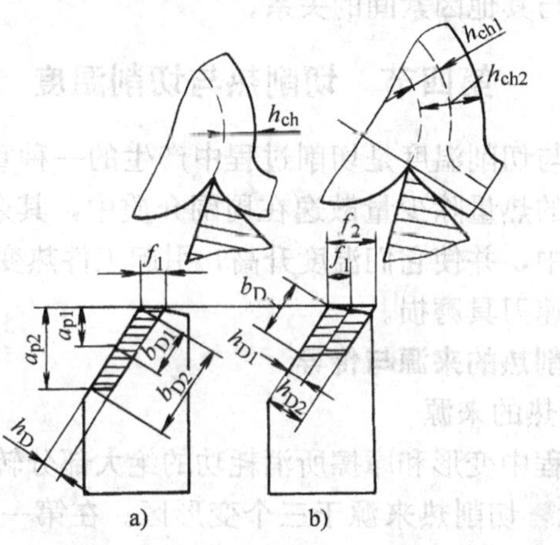

图 3-11　背吃刀量 a_p、进给量 f 对切削力的影响

工作长度和切削面积都增大一倍，变形抗力和摩擦阻力均增大一倍，所以切削力也增大一倍；当 a_p 不变，f 增大一倍时，A_D 也增大一倍，并且 h_D 成倍增大，但由于切削变形减小，使切削力仅增大 68%～86%。

4. 其他因素的影响

（1）切削液　采用润滑性能良好的切削液可显著减少前面与切屑、后面与工件表面之间的摩擦，甚至还可减少被加工金属的塑性变形。

（2）刀具的棱面　刀具棱面的参数有一定的宽度和负的前角，虽然提高了切削刃的强度，但也加剧了切削时的挤压和摩擦，故棱面参数值增大，将使切削力增大。所以应尽量选用较小宽度的负倒棱。

（3）刀具磨损　后面磨损后，将形成后角为零，高度为 VB 的小棱面，与工件的加工表面产生强烈的摩擦，F_c、F_p、F_f 力都将逐渐增大。当磨损量很大时，会使切削力成倍增加，产生振动，以至无法工作。

综上所述，影响切削力的大小，是许多因素共同作用的结果，要减少切削力，应在分析各种因素的基础上，找出主要因素，并兼顾与其他因素间的关系。

第四节　切削热与切削温度

切削热与切削温度是切削过程中产生的一种重要物理现象。切削时产生的热量除少量散逸在周围介质中，其余均传入刀具、切屑和工件中，并使它们温度升高，引起工件热变形，降低工件的精度，加速刀具磨损。

一、切削热的来源与传导

1. 切削热的来源

切削过程中变形和摩擦所消耗功的绝大部分转变为热能，如图 3-12 所示，切削热来源于三个变形区。在第一变形区内由于切削材料发生弹性变形和塑性变形产生大量的热量，分别用 $Q_{弹}$

和 $Q_{塑}$ 表示；第二变形区由于刀具前面跟切屑摩擦而产生的热，用 Q_f 表示；第三变形区内由于刀具后面跟工件摩擦而产生的热，用 $Q_{f\alpha}$表示。

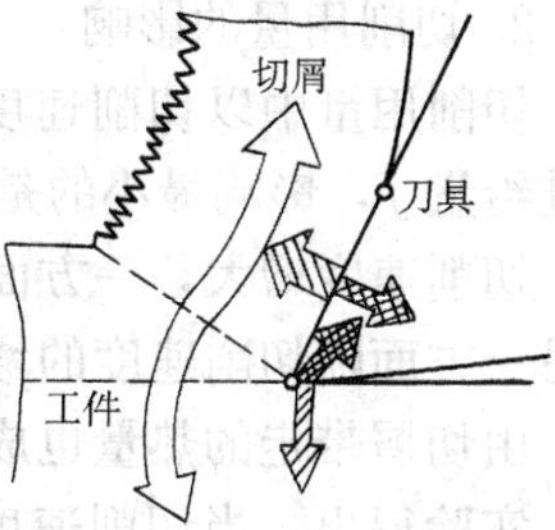

图 3-12 切削热的来源与传导

2. 切削热的传导

切削时所产生的热由切屑、工件、刀具及周围介质传出，分别用 $Q_{屑}$、$Q_{工}$、$Q_{刀}$ 和 $Q_{介}$ 表示。

上述切削热的产生和传散可以写出平衡方程式

$$Q = Q_{弹} + Q_{塑} + Q_f + Q_{f\alpha} = Q_{屑} + Q_{工} + Q_{刀} + Q_{介}$$

切削热传至各部分的比例，一般情况是切屑带走的热量为最多。表 3-1 为车削和钻削时切削热由各部分传出的比例。

表 3-1 车削和钻削时切削热由各部分传出的比例

切削方式	$Q_{屑}$	$Q_{工}$	$Q_{刀}$	$Q_{介}$
车削	50%～86%	40%～10%	9%～3%	1%
钻削	28%	14.5%	52.5%	5%

二、影响切削温度的诸因素

切削温度在刀具、切屑、工件上的分布是不均匀的。实验证明刀尖附近的切削温度最高，因为这里切屑变形最大，切屑与刀具的摩擦也最大，热量不易传散。影响切削温度高低的因素有以下几个方面：

1. 刀具几何参数的影响

凡是能减少切削过程产生热量的因素，都能降低切削温度；凡是能改善散热条件的因素，也都能降低切削温度。

前角增大，切削变形减小，切削力降低，消耗的功能减小，所以切削温度降低，但前角又不宜过大，否则散热条件不好，切削温度反而增加。

主偏角减小，在相同的背吃刀量下，切削刃参加工作的长度增加而切削厚度减薄，使散热条件改善，所以切削温度下降。

2. 切削用量的影响

切削用量中以切削速度 v_c 对切削温度的影响为最大，其次是进给量 f，影响最小的是背吃刀量 a_p。

切削速度增大，一方面由摩擦产生的热量也随之大大增加，但另一方面随切削速度的增加，切削变形减小，其流出速度也增加，由切屑带走的热量也成比例地增加，从而使刀具温度升高不多。实验得出，当切削速度 v_c 增大一倍时，切削温度不会成倍增加，约增高为 20%～30%。

背吃刀量 a_p 和进给量 f 对切削温度也有一定的影响，但不如切削速度那么明显。进给量 f 增加一倍时，切屑的温度容易增加，切屑的平均变形减小，切屑带走的热量也增加，所以切削温度增高仅 10%左右。当背吃刀量增加一倍时，切削刃工作长度增加，散热情况有所改善，所以切削温度只增高约 5%～8%。

3. 刀具磨损的影响

磨损后的刀具，后面切削刃处形成后角等于零度的棱边，使刀具与已加工表面摩擦加大，增加了功的消耗。刀具磨损后，切削刃变钝，刃区前方对切屑的挤压作用增大，塑性变形增加，从而使切削力与功的消耗增加。上述两者均使产生的切削热增加，所以当刀具磨损后切削温度会急剧升高。

4. 被加工材料的影响

材料的强度好、硬度高，切削时消耗的切削功就越多，产生的切削温度也越高；材料的热导率越低，切削区传出的热量越少，切削温度就越高。如切削合金钢时的切削温度一般均高于切削 45 钢的，就是因为合金钢的热导率低的原因。不锈钢（1Cr18Ni9Ti）的强度、硬度虽然较低，但它的热导率仅是 45 钢的 1/3，因此，切削温度很高，比 45 钢约高 40%。切削脆性金属材料时，由于切屑呈崩碎状，与前面摩擦比较小，产生的切削热也就较低，所以切削温度一般较低。

虽然切削热给金属切削加工带来许多不利影响，一般都要采取措施减少和限制切削热的产生，但也可利用切削热。如在加工淬火钢时，采用负前角在较高切削速度下进行切削，既加强了切削刃的强度，同时产生大量的切削热使切削层软化，降低硬度，易于切削。不同刀具材料在切削各种工件时，都有一个最佳切削温度范围，此时刀具寿命最长，工件切削加工性能最好。所以切削温度已成为研究切削用量和切削过程最佳化的一个重要依据。

思考与练习题

1. 金属切削过程中可划分为哪几个变形区？各变形区有什么特征？
2. 切屑的种类有哪些？试比较带状切屑、节状切屑、粒状切屑和崩碎切屑的优缺点和产生的条件，说明怎样获得较好的带状切屑。
3. 什么叫切屑的变形系数？变形系数有什么实用意义？
4. 积屑瘤是如何形成的？它对加工有何影响？
5. 切削力是怎样产生的？总切削力可分解成哪几个分力？各个分力有什么实用意义？
6. 刀具角度和切削用量对切削力有何影响？
7. 要减小背向力有哪些主要措施？
8. 切削热是怎样产生的？影响切削温度的主要因素有哪些？

第四章　刀具的磨损与刃磨

第一节　刀具的磨损及其原因

一、刀具的磨损形式

刀具的磨损有正常磨损和非正常磨损两种。

1. 正常磨损

正常磨损主要有以下三种形式：

（1）后面磨损　后面磨损主要发生在与切削刃毗邻的后面上，如图 4-1a 所示，后面磨损时，刀具后角形成趋向于零度的棱面。磨损程度用棱面高度 VB 表示。这种磨损在生产中是常见的，一般在切削脆性金属材料（如灰铸铁）和切削厚度较小（$h_D<0.1$mm）的塑性金属材料（如钢）的情况下发生。

（2）前面磨损　前面磨损主要发生在刀具的前面上，如图 4-1b 所示。磨损后，在前面离开主切削刃一小段距离处形成月牙洼。磨损程度用月牙洼的深度 KT 和宽度 KB 表示。这种磨损形式一般在切削厚度较大（$h_D>0.5$mm）的塑性金属材料上发生。

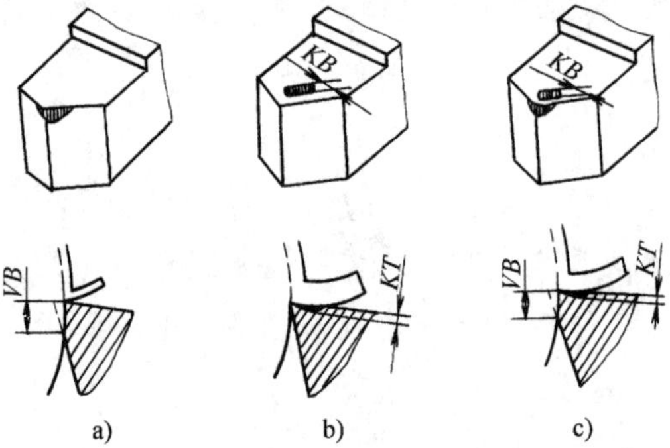

a)　　b)　　c)

图 4-1　刀具的正常磨损

（3）前、后面同时磨损　这是介于前面磨损和后面磨损两种形式之间的一种磨损形式，是在前面的月牙洼与后面的磨损棱面同时产生的，如图 4-1c 所示。一般在加工塑性金属材料时，切削厚度为 h_D＝0.1～0.5mm 的情况下发生。

2. 非正常磨损

非正常磨损主要有以下两种：

（1）卷刃　切削加工时，切削刃或刀面产生塌陷或隆起的塑性变形现象称为卷刃，这是由于切削时的高温造成的。

（2）破损　在切削刃或刀面上产生裂纹、崩刃或碎裂的现象称为破损。硬质合金刀具材料本身有脆性，在焊接或刃磨以及切削参数选用不当时，均能造成细微裂纹而破损。

二、刀具磨损的原因

1. 硬质点磨损

硬质点磨损又称为机械擦伤磨损或磨粒磨损，是工件或切屑上的硬质点（如碳化物、积屑瘤碎片等硬粒）将刀具表面上刻划出深浅不一的沟痕而造成的磨损。其实质是硬粒与刀具材料的硬度差所造成的机械擦伤。使用各种刀具材料在各种切削速度条件下，都可能发生硬质点磨损，但低速时比较明显。工件或切屑上的硬质点硬度越高，数量越多，刀具与工件的硬度比越小，则刀具越容易磨损。因此，刀具必须具有较高的硬度，较多、较细和均匀分布的硬质点才能提高刀具的耐磨性。

2. 粘结磨损

在切削塑性金属材料时，切屑与前面、工件与后面由于在较大的压力和适当的切削温度作用下，会产生材料分子之间的吸附作用，使刀具表面局部强度较低的微粒被切屑或工件粘结带走，从而使刀具磨损。

一般在中、低速切削时容易产生粘结磨损，用 YT 类硬质合金加工钛合金或含钛合金不锈钢等难加工材料也会产生粘结磨损。这种磨损大规模发生时，将导致崩刃。另外，降低切削温度，改善刀具表面粗糙度和润滑条件，都能减少刀具的粘结磨损。

3. 扩散磨损

扩散磨损是指在高温切削时，刀具与工件之间的合金元素相互扩散，使刀具材料的物理机械性能降低，从而加剧刀具的磨损。如当切削温度达到800℃以上时，硬质合金中的Ti、Co、W、C等元素扩散到切屑底层；而切屑底层中的Fe元素扩散到硬质合金表层。如果在硬质合金中增加碳化钛的比例或在合金中添加碳化钽（TaC）等添加剂，都能提高刀具的耐热性和耐磨性。

YG类（K类）硬质合金与钢产生扩散作用的温度是850～900℃；YT类（K类）硬质合金与钢产生扩散作用的温度是900～950℃。

4. 相变磨损

当刀具上的最高温度超过材料相变温度时，刀具表面金相组织发生变化，如马氏体组织转变为奥氏体，使硬度下降，磨损加剧并使刀具迅速失去切削能力。因此，工具钢刀具在高温时均属此类磨损。合金工具钢的相变温度为300～350℃；高速钢的相变温度为550～600℃。

三、刀具的磨损过程

刀具的磨损随切削时间的增多而逐渐扩大。以后面磨损为例，刀具的磨损过程可用下面的磨损曲线来表示，如图4-2所示，大致可分为三个阶段：

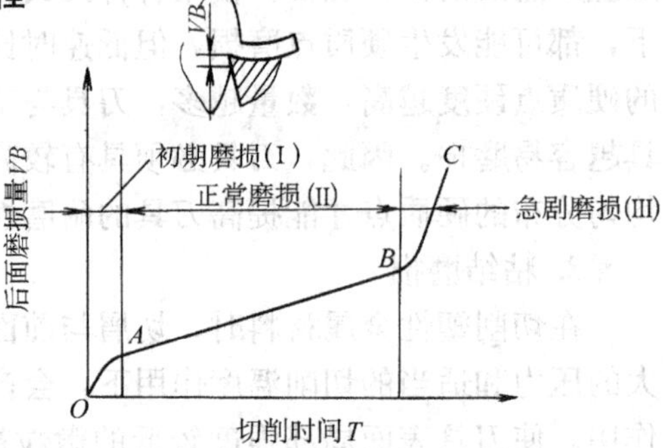

图4-2　刀具磨损过程曲线

（1）初期磨损阶段（Ⅰ）　由于刀具表面粗糙度值较高或刀具表层组织不耐磨，在开始切削的短时间内，磨损较快，通常磨损量为0.05～0.1mm。

（2）正常磨损阶段（Ⅱ）　随着切削时间增长，磨损量以较均匀的速度加大，这是由于刀具表面磨平后，接触面增大，压强减小所致。在该阶段磨损量缓慢增加，切削力和切削温度随磨损量增加而逐渐增大，这一阶段是刀具工作的有效时间，使用刀具时，不应超过这一阶段。

（3）急剧磨损阶段（Ⅲ） 在正常磨损阶段内，当刀具磨损量达到某一数值以后，摩擦力加大，切削温度急剧上升，使刀具材料的切削性能急剧下降，导致刀具大幅度磨损或烧损，从而失去切削能力，所以切削时应避免使用到这个阶段。

刀具磨损过程曲线是衡量刀具切削性能好坏的重要依据。

第二节 刀具的磨钝标准

在使用刀具时，应该把握刀具在产生急剧磨损前必须重磨或更换新刀，这时刀具的磨损量称为磨损限度或磨钝标准。由于实际生产中的加工条件和加工要求的不同，所制订的刀具磨钝标准也不相同。

一、经济磨钝标准

经济磨钝标准又称粗加工磨钝标准，它是根据能使刀具切削时间与可磨或可用次数的乘积最长为原则确定的，从而能充分发挥刀具的切削性能。

由于刀具后面的磨损是比较常见的，且易于控制和测量，因此，规定后面上均匀磨损区的宽度 VB 值作为刀具的磨钝标准。该数值一般选用正常磨损阶段终了时的磨损值。

二、工艺磨钝标准

工艺磨钝标准又称精加工磨钝标准，它是在零件加工精度和表面精度要求达标的条件下制订的，当加工精度达不到工艺要求时，刀具就应该重磨了。所以，精加工的磨钝标准总是低于粗加工的标准。

操作者可根据直觉来判断刀具是否达到工艺磨钝标准，如已加工表面粗糙度值增加，切屑发毛、变色，切削温度急剧上升，发生振动或噪声增大等，都说明刀具已经磨钝，需要重新刃磨了。在大量生产和自动线上应根据工件的精度要求或统计方法来制订磨钝标准，定时换刀。

制订磨钝标准需考虑被加工对象的特点和加工条件的具体情况。硬质合金车刀的磨钝标准见表 4-1。

表 4-1 硬质合金车刀的磨钝标准

加 工 条 件	后面的磨钝标准 VB/mm
精 车	0.1～0.3
粗车合金钢、粗车刚性差的工件	0.4～0.5
粗车碳素钢	0.6～0.8
粗车铸铁件	0.8～1.2
低速粗车钢及铸铁大件	1.0～1.5

第三节 刀具的寿命

一、刀具寿命

刃磨后的刀具自开始切削直到磨损量达到磨钝标准为止的总切削时间称为刀具寿命，以 T 表示。刀具寿命指净切削时间，不包括用于对刀、测量、回程等非切削时间。也有用达到磨钝标准前的 L_m 来定义刀具寿命的。L_m 等于切削速度 v_c 和净切削时间 T 的乘积。

刀具寿命的长短是衡量刀具切削性能好坏的重要标志。利用刀具寿命来控制磨损量 VB 值，比用测量 VB 的值来判断是否达到磨钝标准要简便得多。

二、影响刀具寿命的各种因素

刀具磨损限度确定后，刀具寿命 T 越长表示刀具磨损越慢，反之表示刀具磨损越快。因此，凡属影响刀具磨损的因素都会影响刀具寿命，而且二者的变化规律相同。

(1) 工件材料的影响 工件材料的强度、硬度越高，导热系数越小，产生的切削温度就越高，刀具磨损得就越快，刀具寿命也就越短。反之，刀具寿命就越长。图 4-3 所示为不同工件材料的 v_c-T 曲线的比较。

(2) 刀具材料的影响 刀具材料是影响刀具寿命的主要因素。改善刀具材料的切削性能，使用新型刀具材料，能促使刀具寿命成倍提高。一般情况下，刀具材料的高温硬度越高、越耐磨，其刀具寿命也越长。在不带冲击切削的情况下，陶瓷刀具材料允许的切削速度最高。但是，硬度高、耐磨性好的刀具材料，其强度和韧性往往较低；反之，强度和韧性好的刀具材料则往往耐热性不够理想。

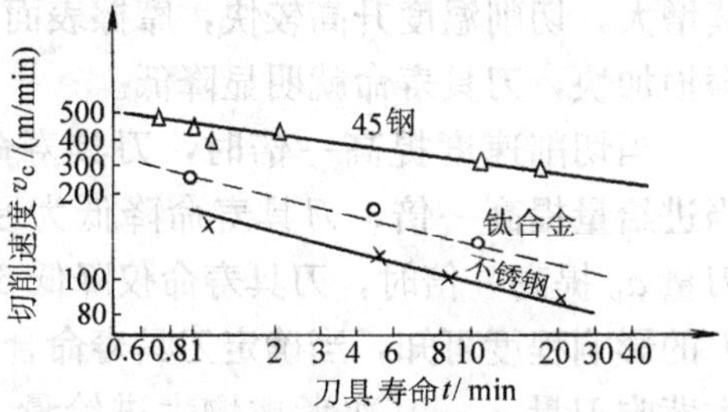

图 4-3　不同工件材料的 v_c-T 曲线

（3）刀具几何参数的影响　刀具几何参数对刀具寿命有较显著的影响。选择合理刀具几何参数，是确保刀具寿命的重要途径；改进刀具几何参数可使刀具寿命有较大幅度提高。

增大前角 γ_o，能使切削力降低，切削温度也随之降低，使刀具寿命延长；但是前角 γ_o 太大，反而使散热条件变差，同时使切削刃强度降低，易于破损。刀具寿命反而缩短。因此，前角 γ_o 对刀具寿命影响呈“驼峰形”，它的峰顶前角 γ_o 值能使刀具寿命达到最高值。

减小主偏角 κ_r，能够增加刀具强度和改善了散热条件，故可使刀具寿命延长。此外，适当减小副偏角 κ_r' 和增大刀尖圆弧半径 r_ε，都能提高刀具强度，改善散热条件，使刀具寿命延长。

（4）切削用量的影响　切削用量三要素 v_c、f 和 a_p 对刀具寿命的影响规律如同对切削温度的影响规律，即 v_c、f 和 a_p 增大，都会使切削温度升高，刀具寿命缩短。其中 v_c 影响最大，f 次之，a_p 最小。

用硬质合金车刀车削淬硬钢时，切削速度对刀具寿命的影响见图 4-4。从图中可以看出，当切削速度 v_c 达到

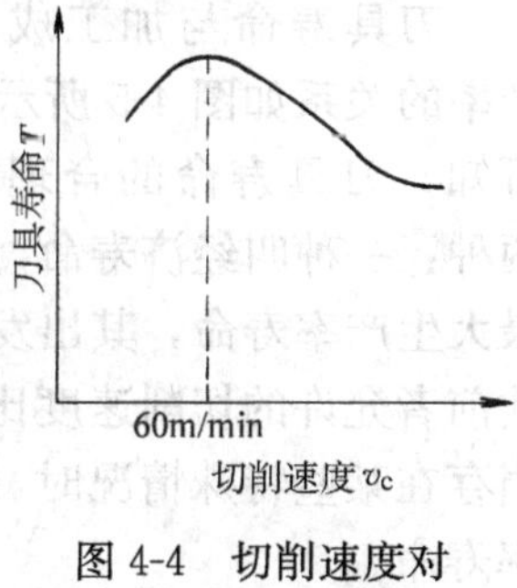

图 4-4　切削速度对刀具寿命的影响

一定数值时（约 60m/min），刀具寿命最高；随着切削速度的继续增大，切削温度升高较快，摩擦表面的滑动速度加大，使刀具磨损加快，刀具寿命就明显降低。

当切削速度提高一倍时，刀具寿命约降低为原来的 1/30；当进给量提高一倍，刀具寿命降低为原来的 1/3.75；而当背吃刀量 a_p 提高一倍时，刀具寿命仅降低 68%。根据 v_c、f 和 a_p 对 T 的影响程度可知，当确定刀具寿命合理数值后，应首先考虑增大背吃刀量 a_p，其次考虑增大进给量 f，然后根据 T、a_p 和 f 的值计算出 v_c，这样既能保证刀具寿命、发挥刀具切削性能，又能提高切削效率。

三、合理选择寿命的基本原则

刀具寿命并非越长越好，在工件材料和刀具材料已经确定的情况下，如果刀具寿命定得过高，为了延长刀具的使用时间，势必要选用过小的切削用量，尤其要选用较低的 v_c，这样就会降低生产率和增加生产成本。反之，若刀具寿命定得过低，虽然切削速度可以选得高，从而使机动时间缩短，但因刀具磨损很快，加速了刀具的损耗，同时使换刀、磨刀、调整等辅助时间增加，因此对加工成本和生产率也不利。由此可见，刀具寿命要有一个合理的数值。

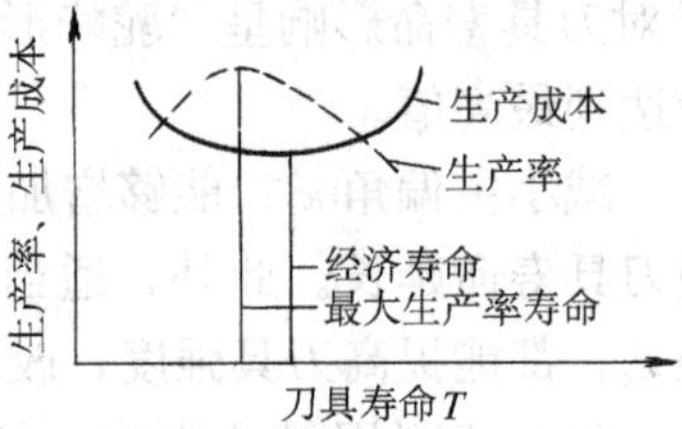

图 4-5　刀具寿命与加工成本和生产率的关系

刀具寿命与加工成本和生产率的关系如图 4-5 所示。由图可知，刀具寿命的合理数值有两种：一种叫经济寿命，其出发点是使加工成本最低；另一种叫最大生产率寿命，其出发点是使生产率最高。前者大于后者，因此前者允许的切削速度比后者略低一些。生产中常用经济寿命。当存在某些特殊情况时（如完成紧急任务等），则采用最大生产率寿命。

刀具寿命的具体数值，可参考有关资料或手册，下列数据可供参考：高速钢车刀 30～60min；硬质合金焊接车刀 15～60min；硬质合金可转位车刀 15～45min；组合机床自动机床自动线刀具 240～480min。

第四节　刀具的刃磨

刀具磨损的部位主要发生在前面和后面上，应根据不同的刀具特点和要求，选择不同的部位进行刃磨。对铰刀、成形车刀、铣刀及拉刀等形状较复杂的刀具，应安装在机床专用的夹具上进行刃磨；对普通车刀、麻花钻一类刀具，也可用手工方法对其前面或后面进行刃磨。此外，还要注意选择合适的砂轮。

一、铰刀的刃磨

铰刀的切削厚度较小，磨损主要发生在后面上，所以应沿着后面进行刃磨。若沿前面重磨，则铰刀校准部分刃带将会逐渐变窄，铰刀会很快地失去尺寸精度，使铰刀使用寿命降低。

铰刀的刃磨通常在工具磨床上进行，如图 4-6 所示。铰刀轴线相对磨床导轨中心线倾斜一个主偏角 κ_r。为避免砂轮与后面接触过大而烧伤刀齿，砂轮的端面应相对切削部分后面倾斜 1°～3°。为使磨削后的后角不变，后面与砂轮端面都应处在垂直位置，铰刀前面要用支承片支撑，其最高点应低于铰刀中心的高度为 h，其计算式如下

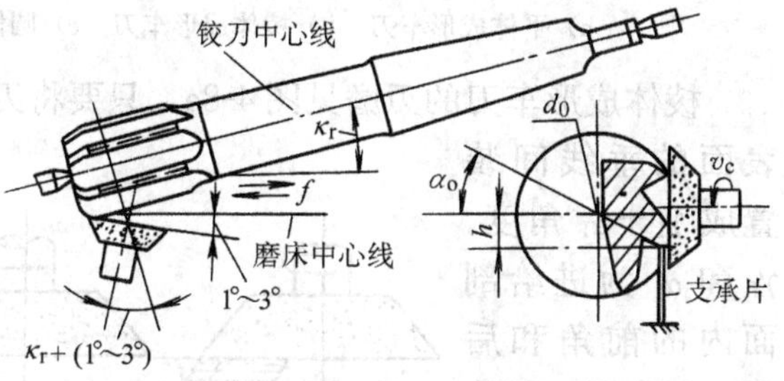

图 4-6　铰刀的刃磨

$$h=\frac{d_0}{2}\sin\alpha_o$$

式中　d_0——铰刀直径（mm）；

α_o——铰刀后角（°）。

重磨后的铰刀应用磨石在切削部分和校准部分之间研磨出圆弧过渡刃，以提高铰削质量和延长铰刀寿命。

二、成形车刀的刃磨

如图 4-7 所示，径向成形车刀按其结构和形状可分为平体成形车刀、棱体成形车刀和圆体成形车刀三类。成形车刀的刃磨一般是在工具磨床上进行，用碗形砂轮刃磨刀具的前面。重磨的基本要求是保持原始的前角和后角数值。

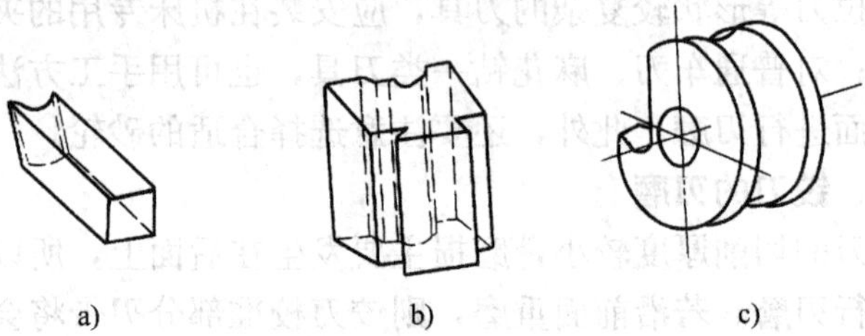

图 4-7　径向成形车刀的类型

a）平体成形车刀　b）棱体成形车刀　c）圆体成形车刀

棱体成形车刀的刃磨见图 4-8a，只要将刀具后面与碗形砂轮表面的垂线间装置成 $\gamma_f+\alpha_f$ 角度。γ_f 和 α_f 为进给剖面内的前角和后角。刃磨后一般检验棱形成形车刀的楔角 $\beta=90°-(\gamma_f+\alpha_f)$ 值。

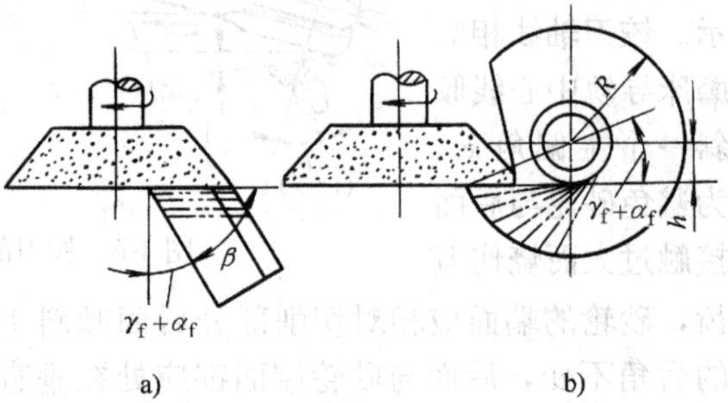

图 4-8　成形车刀的刃磨

a）棱体成形车刀的刃磨　b）圆体成形车刀的刃磨

圆体成形车刀的刃磨见图 4-8b，使刀具中心与砂轮工作端面偏移一个 h 距离，h 值按下式求得

$$h=R\sin(\gamma_f+\alpha_f)$$

重磨后的圆体成形车刀应检验其前面是否在以 h 为半径作圆

的切线方向，通常在圆体成形车刀端面上画出的圆称为检验圆，前面与检验圆相切。

三、铣刀的刃磨

铣刀按齿背形式可分为尖齿铣刀和铲齿铣刀两种。尖齿铣刀刃磨后面，铲齿成形铣刀刃磨前面，一般都在工具磨床上进行。

刃磨尖齿铣刀的方法与刃磨铰刀相似，刀齿的位置由支承片决定（图 4-9a）。为了获得所需的后角，支承片顶端到铣刀中心的距离 h 应为

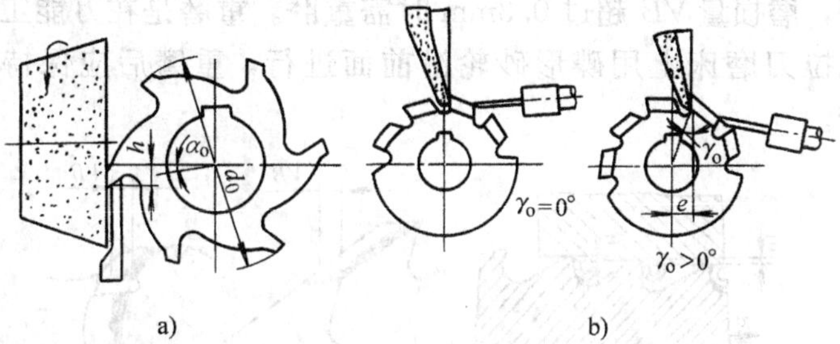

图 4-9　铣刀的刃磨

a）尖齿铣刀的刃磨　b）铲齿铣刀的刃磨

$$h=\frac{d_0}{2}\sin\alpha_o$$

式中　d_0——铣刀直径（mm）；

α_o——铣刀后角（°）。

刃磨铲齿铣刀时，一般采用碟形砂轮的端面对铣刀的前面进行刃磨（图 4-9b）。为了严格控制刀具的前角 γ_o，防止铲齿铣刀刃形畸变从而影响加工工件的精度，通过调节砂轮端面对刀具中心的偏心距 e 来控制前角 γ_o 的大小。偏心距 e 可按下式计算

$$e=\frac{d_0}{2}\sin\gamma_o$$

式中　d_0——铣刀直径（mm）；

γ_o——铣刀前角（°）。

砂轮进给通过调节支承片位置的方法进行，不得移动横向工

作台，以免影响前角的大小。

四、拉刀的刃磨

拉刀是一种多齿精加工刀具。拉削时没有进给运动，主要靠拉刀后一刀齿（或后一组刀齿）的齿高高于（或齿宽宽于）前一刀齿（或前一组刀齿），从而能依次地从工件上切下很薄的金属层，以获得精度高、表面质量好的工件表面，如图 4-10a 所示。

拉刀磨损主要发生在后面上，尤其是在分屑槽转角处，其强度低、热量集中，因此磨损更为严重，如图 4-10b 所示。一般情况下，磨损量 VB 超过 0.3mm 时需重磨。重磨是在万能工具磨床或拉刀磨床上用碟形砂轮沿前面进行，重磨后应保持前角不变。

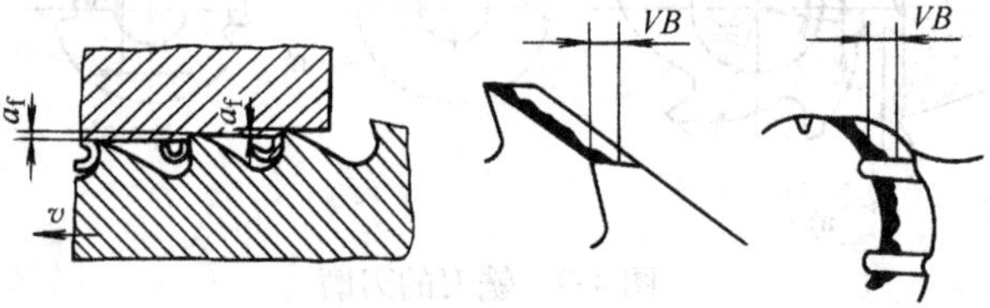

图 4-10　拉削过程与拉刀的磨损

a）拉削　b）磨损

图 4-11 所示为圆孔拉刀的刃磨方法。砂轮与拉刀绕各自轴线转动，并使砂轮周边与前面上的 m 点接触（m 是前面与槽底圆弧之间的交点）。为减少磨削面积，使砂轮锥面与前面夹角为 5°～15°，砂轮轴线与拉刀轴线夹角 $\beta=35°\sim55°$，且要求两者轴线保持在同一垂直平面内。为了避免砂轮对拉刀槽底产生过切现象，砂轮直径不能太大，通常可按下列经验公式计算

$$D=kD_W$$

式中　D——砂轮直径（mm）；

D_W——拉刀直径（mm）；

k——修正系数，可按表 4-2 选取。

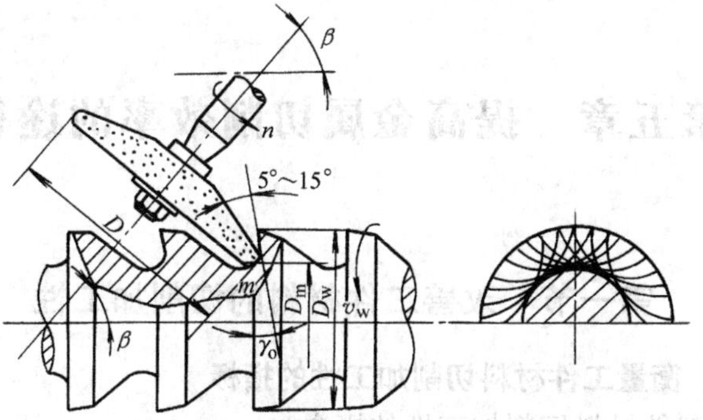

图 4-11　圆孔拉刀的刃磨方法

表 4-2　修磨圆孔拉刀的 *k* 值

γ_o/（°） β/（°）	10	11	12	13	14	15	16	17	18
40	3.01	2.67	2.39	2.15	1.95	1.77	1.62	1.48	1.36
45	3.43	3.05	2.75	2.48	2.27	2.07	1.89	1.74	1.61
50	3.82	3.41	3.08	2.80	2.55	2.34	2.16	1.99	1.84
55	4.17	3.75	3.39	3.08	2.83	2.60	2.40	2.23	2.07

思考与练习题

1. 刀具正常磨损有哪几种形式？各自产生的条件是什么？

2. 刀具磨损的原因有哪些？

3. 试画出刀具的磨损曲线，并说明它分为哪几个阶段。

4. 经济磨钝标准是如何制订出的？

5. 如何掌握工艺磨钝标准？

6. 什么叫刀具寿命？影响刀具寿命的因素有哪些？

7. 什么叫经济寿命？什么叫最大生产率寿命？生产中常用哪一种？

8. 刃磨成形车刀的基本要求是什么？棱体和圆体成形车刀是如何刃磨前面的？

9. 铣刀按齿背形式可分为哪两种？刃磨时，应分别磨削哪个刀面？

10. 拉刀的磨损主要发生在哪个刀面上？刃磨拉刀时，为什么要限制砂轮的直径？

第五章　提高金属切削效率的途径

第一节　改善工件材料的切削加工性

一、衡量工件材料切削加工性的指标

1. 工件材料切削加工性的概念

工件材料的切削加工性是指对某种工件材料进行切削加工的难易程度。越是难以切削的材料，其加工性就越差。讨论工件材料切削加工性的目的，是为了寻找改善材料切削加工性的途径。

2. 衡量切削加工性的主要指标

工件材料的切削加工性主要取决于材料本身的化学成分、金相组织、物理力学性能，还与切削条件及对切削过程的要求有关。通常用下面的一个或数个指标来衡量。

(1) 刀具寿命指标　在切削普通金属材料时，用刀具寿命达到 60min 时允许的切削速度 v_{60} 值的大小来评定材料切削加工性的好坏。在相同加工条件下，v_{60} 的值越高，切削加工性越好。此外，经常用相对加工性指标 K_r 来表示

$$K_r=\frac{v_{60}}{v_{o60}}$$

式中　v_{60}——切削某种材料刀具寿命为 60min 时的切削速度；

v_{o60}——切削 45 钢（$\sigma_b=0.735$GPa），刀具寿命达到 60min 时的切削速度。

$K_r>1$ 的材料，比 45 钢容易切削；$K_r>3$ 的材料，属易切削钢；$K_r<1$ 的材料，切削加工性比 45 钢差；$K_r\leqslant0.5$ 的材料，属难切削钢。

常用材料的相对加工性指标 K_r 分别为 8 级，见表 5-1。

(2) 加工表面质量指标　精加工时，常以加工表面质量作为

切削加工性指标。相同加工条件下，加工后表面质量好，加工性好；反之，加工性差。

表 5-1　材料相对加工性等级

加工性等级	名称及种类		相对加工性 K_r	代表性材料
1	很容易切削材料	一般有色金属	＞3.0	铜铅合金，铜合金，镁合金
2	容易切削材料	易切削钢	2.5～3.0	退火 15Cr，σ_b＝0.373～0.441GPa
3		较易切削钢	1.6～2.5	正火 30 钢，σ_b＝0.441～0.549GPa
4	普通材料	一般钢及铸铁	1.0～1.6	45 钢，灰铸铁
5		稍难切削材料	0.65～1.0	2Cr13 调质，σ_b＝0.843GPa 85 钢，R_m＝0.883GPa
6	难切削材料	较难切削材料	0.5～0.65	45Cr 调质，σ_b＝1.03GPa 65Mn 调质，σ_b＝0.932～0.981GPa
7		难切削材料	0.15～0.5	50CrV 调质，1Cr18Ni9Ti，某些钛合金
8		很难切削材料	＜0.15	某些钛合金，铸造镍基高温合金

（3）切屑控制难易指标　在自动机或自动线上，常以切削时切屑的形状是否容易控制及断屑易否来作为切削加工性指标。切屑容易控制，则切削加工性好。

（4）切削力、切削温度指标　在相同加工条件下，以切削力的大小、切削温度的高低来判断材料的切削加工性。数值越大，切削加工性越差。

二、影响材料切削加工性的各种因素

1. 工件材料物理、力学性能的影响

（1）硬度和强度　金属材料的硬度和强度越高，则切削力越大，切削温度越高，刀具磨损越快，所以切削加工性越差。但也并不是材料的硬度越低越好加工，如纯铁、纯铝的硬度虽然很低，但由于其塑性很高，加工性并不好。加工硬化现象严重的材料，其切削加工性较差。一般硬度适中的钢材较好加工。

（2）塑性和韧性　塑性高的材料，加工变形和硬化都比较严重，与刀具表面的粘结现象也较严重，断屑困难，加工表面质量较差，故加工性差。材料的韧性对加工性的影响与塑性相似，韧性越高，加工性也越差。

（3）热导率　材料的热导率越大，由切屑带走和传入工件内的热量就越多，有利于降低切削区的温度（故加工性好），也有利于减少刀具磨损，但由于传入工件内的热量多了，在加工过程中温升较高，对控制尺寸精度造成一定困难。

2. 工件材料化学成分的影响

工件材料的物理力学性能是由材料的化学成分决定的，材料中各种元素对切削加工性的影响如下：

（1）碳　碳的质量分数大于0.6%的高碳钢，强度和硬度较高，碳的质量分数小于0.15%的低碳钢的塑性和韧性较高，因此，它们的切削加工性比硬度和强度适中的、碳的质量分数为0.35%～0.45%的中碳钢差。

（2）合金元素　在钢中常加入一些合金元素来改变钢的物理力学性能。大多数的合金元素，如Si、Cr、Ni、Mo、W、V对钢都有强化作用，会降低切削加工性。但适量的S、Pb、Se、P等元素会在钢中产生有润滑作用的金属夹杂物，可改善切削加工性。

在铸铁中加入Si、Al、Ni、Ti等促进石墨化的元素，可改善切削加工性，而Cr、V、Mn、Mo、S等阻碍石墨化的元素，会降低切削加工性。

3. 热处理状态和金相组织的影响

金属的成分相同，但金相组织不同时，其物理力学性能就不同，因而加工时就有差异。如铁素体，含碳量很低性能接近纯铁，切削时，与刀面冷焊现象严重，又易产生积屑瘤，使加工表面质量差，故切削加工性不好。常通过正火来提高其硬度，改善切削加工性。

珠光体的硬度、强度和塑性都比较适中，中碳钢的金相组织是珠光体加铁素体，与铁素体质量分数相近，故切削加工性好。

而马氏体具有很高的硬度和强度，因此具有马氏体组织的淬火钢切削加工性很差。

三、改善材料切削加工性的措施

（1）选择易切削钢　选择易切削钢进行切削可以延长刀具寿命，减少切削力，易断屑，加工表面质量好，如硫易切削钢、铅易切削钢、钙脱氧钢等。这些材料加入了易切削添加剂且不降低力学性能。

（2）适当的热处理　如对低碳钢进行正火处理，可提高硬度、降低韧性；对高碳钢进行退火处理，降低硬度后易于切削；对于高强度合金钢，通过退火、回火或正火处理可改善切削加工性。

（3）合理选择刀具材料　根据不同材料的切削加工性，选择与之相应的刀具材料，是改善材料切削加工性的途径之一。如切削含钛元素的不锈钢、高温合金及钛合金钢，若用 YT 类（P 类）硬质合金刀具切削，因刀具材料中的钛元素容易与工件材料中钛元素产生亲和作用，因此不宜使用，要改用 YG 类（K 类）硬质合金刀具切削。

第二节　刀具几何参数的合理选择

刀具几何参数主要包括刀具几何角度、切削刃与刃口形状、前面与后面的形式等。合理选择刀具的几何参数，是切削原理内容中的重要应用问题。对切削过程、产品质量和生产率等方面都有很大的影响。要在实际生产中综合地考虑和分析各个参数之间的相互关系，充分发挥各参数的有利作用，限制和克服不利影响。

一、前角和前面的选择

1. 前角的选择

前角是一个很重要的角度，它的大小直接影响机床的负荷、工件的变形和切削刃的强度与寿命。前角大，切削变形小，切削力减小，对切削有利，但过大会使切削刃薄弱，出现崩刃现象。前角小，则相反。

“锐字当先，锐中求固”，这是选择前角的一条重要原则，在保证必要的切削刃强度下，前角应尽量取大些。如硬质合金刀具使用时，就不能把它的前角磨得和高速钢车刀一样，否则切削容易崩刃，应采用负倒棱正前角，这是“锐中求固”的有效措施。合理选择前角，主要从以下几个方面来考虑：

（1）根据工件材料选择前角　加工钢（塑性材料）时，应选择较大的前角；加工铸铁（脆性材料）时，应选取较小的前角。

加工塑性材料时，切屑呈带状，切屑和前面的接触长度较长（切削时间较长后，前面会出现月牙洼磨损），切削力集中在离切削刃较远的前面上（图 5-1a），切削刃不易损坏。选取较大的前角，可以减少切屑变形，改善切削情况。

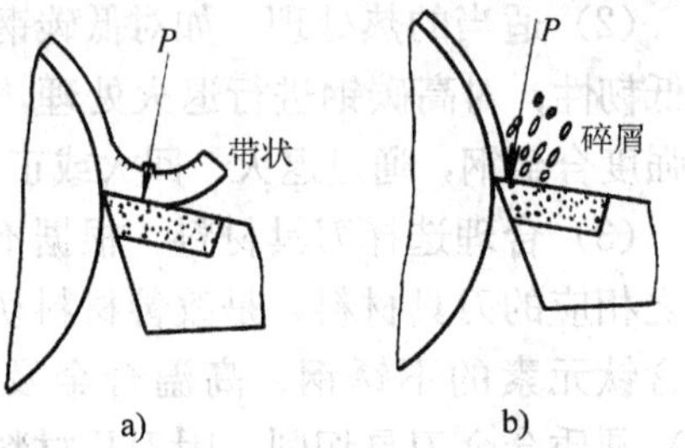

图 5-1　两种切屑类型切削抗力的特点

加工脆性材料时，切屑呈崩碎状，产生冲击力，并集中在切削刃附近（图 5-1b）。为了保护切削刃，前角应比加工塑性材料时取得小一些。但加工铸铁时，一般不采用负前角，因为负前角的前面使工件受到的是压力，而铸铁的抗压能力，远大于抗拉和抗弯能力，故使用负前角切削铸铁，会产生很大的切削力，对切削不利。

加工铸铁时，一般取 $\gamma_o=10°\sim15°$。加工脆黄铜，前角按理可取得大些，但过大会产生“扎刀”现象，所以加工脆黄铜所取的前角，可与加工灰铸铁的相同。

加工灰铸铁也可采用大前角（$\gamma_o=30°\sim35°$）、负刃倾角和负倒棱的刀具。实践证明用这种刀具切削比较轻快，效果较好。

加工淬火钢（或高强度钢）时，由于淬火钢的强度和硬度都很高，切削时产生的切削力和切削热很高，只能在较小前角条件下，才能保证切削刃的强度和刀具寿命。用硬质合金车刀加工淬火钢时，前角一般在 $-20°\sim-5°$ 范围内选取，而加工低碳钢时，前角可大到 30°～40°。

加工有色金属及其合金（如铜、铝及其合金和锌合金等）时，由于它们和普通碳钢相比具有强度低、导热性好的特点，使切削力和切削热降低，故可取较大的前角，加工铝及铝合金，前角一般取 30°～40°。

加工奥氏体不锈钢 1Cr18Ni9Ti，虽然它的强度、硬度不算高，但它的韧性和塑性比一般钢材高，加工硬化现象很严重，如果采用小的前角，切削往往很困难，刀具寿命很短。实践证明，采用较大的前角（γ_o＝15°～25°），则效果较好。

（2）根据刀具材料选择前角　高速钢刀具材料的抗弯强度较高，切削刃上可以承受较大的切削力，因此，前角可以比硬质合金刀具材料大些。切削钢件时，一般可加大 10°左右。

不同牌号硬质合金的韧性不同，所取的前角也应有所区别。比如 YT30（P05）比 YT15（P15）、YT5（P30）要脆一些（因前者含碳化钛多，性较脆），故前角应取较小的数值。

（3）根据机床、工件的刚性选择前角　当机床、工件的刚性差时，为了减少切削力，减少振动，前角应取得大些。

（4）根据加工性质选择前角　粗加工时，产生的切削力大，切削热高，必须考虑刀具有足够的强度和散热面积。为此，前角应取得小些；精加工时，前角应取得大些，这样能使切削刃锋利，以获得较小的表面粗糙度值。目前许多高速钢宽刃精车刀或精刨刀，均采用较大的前角（γ_o＝20°～30°）。

硬质合金车刀前角的合理数值，可参考表 5-2。

表 5-2　硬质合金车刀前角的合理数值

工件材料	合理前角		工件材料	合理前角	
	粗车	精车		粗车	精车
低碳钢	20°～25°	25°～30°	灰铸铁	10°～15°	5°～10°
中碳钢	10°～15°	15°～20°	铜及铜合金	10°～15°	5°～10°
合金钢	10°～15°	15°～20°	铝及铝合金	30°～35°	35°～40°
淬火钢	−15°～−5°		钛合金	5°～10°	
不锈钢（奥氏体）	15°～20°	20°～25°			

2. 前面的选择

当确定了前角的正、负和数值以后，就可以对前面进行选择。常用的前面形式如图 5-2 所示。

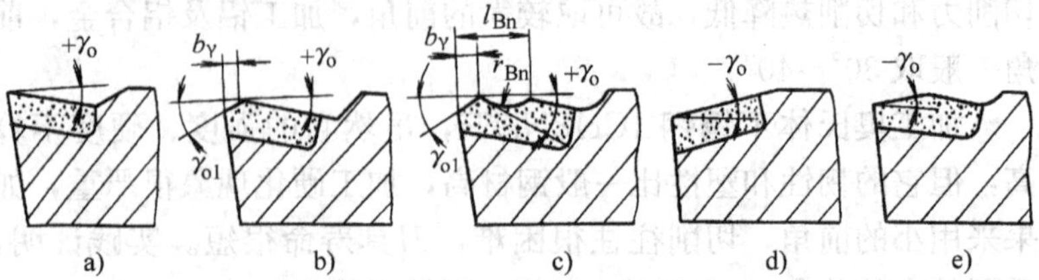

图 5-2　前面形式

（1）正前角平面型　如图 5-2a 所示，正前角平面型前面的特点是制造简单，能获得较锋利刃口，但强度低、传热能力差。一般用于精加工刀具、成形刀具、铣刀和加工脆性材料的刀具。

（2）正前角平面带倒棱型　如图 5-2b 所示，在主切削刃刃口外磨出一条很窄的棱边而形成倒棱。倒棱可以提高刃口强度、增强散热能力，从而延长刀具寿命。倒棱的前角 $\gamma_{o1}=-5°\sim-30°$,倒棱的宽度 $b_\gamma=(0.8\sim1)f$。此时，切屑仍沿前面流出，故不改变刀具原来前角的数值；若倒棱的宽度 b_γ 大于切削层公称厚度 h_D，切屑直接从倒棱面上卷曲流出，这时倒棱面已变成刀具的前面了，倒棱面就失去意义，负倒棱型一般用于粗切削铸、锻件或断续表面的加工。对于高速钢车刀，因其韧性较好，抗弯强度较高，一般不需要负倒棱。用硬质合金车刀粗加工或半精加工钢件材料时，若材料强度不很高，一般采用负倒棱正前角，精车刀不需要负倒棱。

（3）正前角曲面带倒棱型　如图 5-2c 所示，这种形式是在正前角平面带倒棱的基础上，为了卷屑和增大前角，在前面上磨出一定的曲面而形成的。曲面型浪费刀具材料，且削弱了刀片强度。卷屑槽的参数约为：$l_{Bn}=(6\sim8)f$，$r_{Bn}=(0.7\sim0.8)l_{Bn}$。常用于粗加工或精加工塑性材料的刀具上。

（4）负前角单面型　如图 5-2d 所示的负前角单面型，此时刀片承受压应力，具有好的切削刃强度。因此，常用于切削高硬度（强度）材料和淬火钢材料。但是负前角会增大切削力和增大动力消耗。

（5）负前角双面型　如图 5-2e 所示，当磨损同时发生在前、后两个面时，制成双面型负前角，可使刀片的重磨次数增多。此时负前角的棱面应有足够的宽度，以保证切屑沿该棱面流出。

二、后角的选择

后角的作用主要是减少刀具后面与工件之间的摩擦，使刀具磨损减少；同时，还可减小刀尖圆弧半径，使切削刃锋利。但后角过大，会削弱切削刃强度和散热能力，反而会使刀具容易磨损甚至崩刃。

选择后角的大小，所涉及的因素也较多，它与切削层公称厚度 h_D、工件材料、工件或车刀的刚性等都有关系。

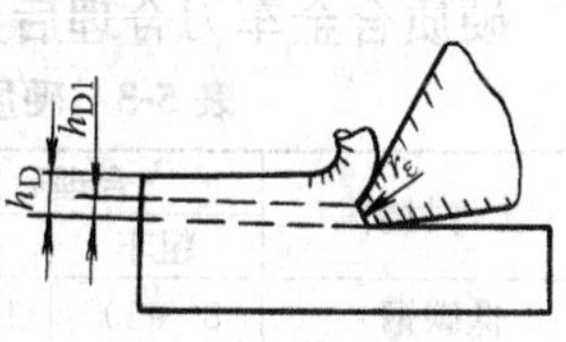

图 5-3　刀尖圆弧半径与切削层公称厚度的关系

如图 5-3 所示，因切削刃存在刀尖圆弧半径 r_ε，致使厚度为 h_{D1} 的一层金属不易切下。尤其在精加工时，切削层公称厚度 h_D 更小（因精加工时，进给量 f 较小，故 h_D 更小）。如 $r_\varepsilon > h_D$，就不能进行精加工薄切削。为了使切削刃锋利，可增大后角以减小 r_ε。一般精车时后角取 $\alpha_o = 10° \sim 12°$，粗车时取 $\alpha_o = 6° \sim 8°$。

若工件材料的塑性或弹性大，因工件表面的弹性恢复较大，与刀具后面的接触面积大，故应取较大的后角，以减少摩擦（图 5-4）。

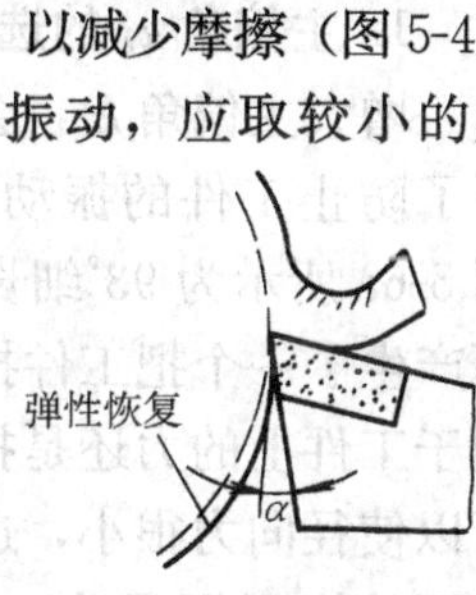

图 5-4　刀具后面与工件表面的摩擦

工件或车刀的刚性较差时，为了减少振动，应取较小的后角。例如，加工细长轴时，可采用负后角的消振棱车刀；切断刀因其刚性差，也可采用消振棱（图 5-5a）。但必须指出：此时切断刀的切削刃，应对准工件的中心，不能再高于中心。有时，加工脆黄铜的车刀，因前角大会产生“扎刀”现象，也可采用 $\alpha_f = 0°$，$f_1 = 0.1 \sim 0.2$ 的棱面，以防止扎刀（图 5-5b）。

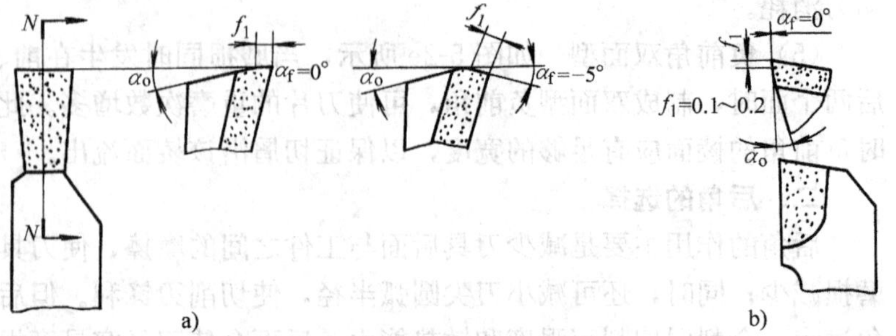

图 5-5　在后面上磨出消振棱

副后角 α_o' 一般与后角 α_o 选用同样的数值。切断刀因其强度差，为了保证必要的强度，取 $\alpha_o'=1°\sim2°$。

硬质合金车刀合理后角的数值可参考表 5-3。

表 5-3　硬质合金车刀合理后角的数值

工件材料	合理后角		工件材料	合理后角	
	粗车	精车		粗车	精车
低碳钢	8°～10°	10°～12°	灰铸铁	4°～6°	6°～8°
中碳钢	5°～7°	6°～8°	铜及铜合金	6°～8°	6°～8°
合金钢	5°～7°	6°～8°	铝及铝合金	8°～10°	10°～12°
淬火钢	8°～10°		钛合金	10°～15°	
不锈钢（奥氏体）	6°～8°	8°～10°			

三、主偏角、副偏角的选择

1. 主偏角 κ_r 的选择

增大主偏角 κ_r，会减小背向力，这对加工细长轴尤为重要。为了防止工件的振动和变形，多取 $\kappa_r=85°\sim90°$，甚至取 93°。图 5-6a 所示为 93°细长轴精车刀。由于采用了 93°的主偏角，因而产生了一个把工件拉向刀具的背向力（图 5-6b），但修光刃作用于工件上的力还是把工件推开的。这样存在着拉、推的作用，可以使径向力很小，适宜于加工细长轴。这把刀在车削 45 钢时，选用的切削用量为 $v_c=50\sim80\text{m/min}$，$f=0.17\sim0.23\text{mm/r}$，$a_p=0.1\sim0.12\text{mm}$。由于 a_p 小于 f，修光刃相对地成为主切削刃了，故断屑槽磨成横的方向。

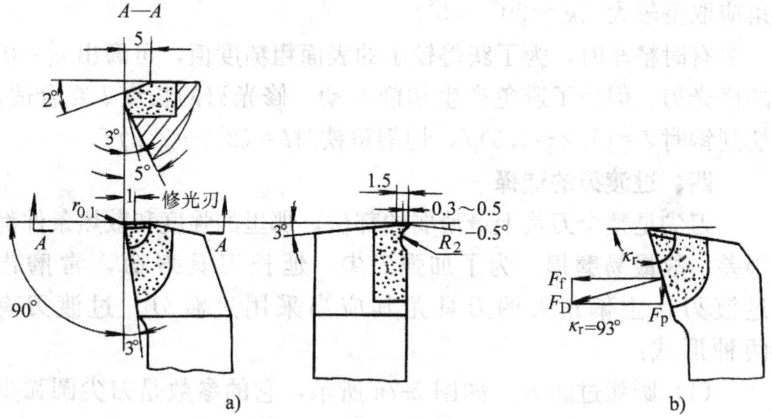

图 5-6　93°细长轴精车刀

主偏角 $\kappa_r=90°$ 的车刀，可用于车阶梯轴或有台肩的表面。

一般强力切削的车刀，主偏角大多采用 75°。因为主偏角大，可以用大的背吃刀量；同时，75°的主偏角使背向力也比较小。

主偏角 $\kappa_r=45°$ 的车刀也用得较多，它既可纵车外圆，又能横切端面或内外倒角等，通用性较好。

通孔镗刀的主偏角 $\kappa_r=45°\sim75°$；不通孔镗刀的主偏角 $\kappa_r\geqslant90°$。

当加工高强度、高硬度的材料时，由于背吃刀量一般都选得较小，同时考虑刀尖部分的强度和散热条件，着眼于刀具寿命，应取小的主偏角较好。除此之外，一般主偏角取得较大。

2. 副偏角 κ_r' 的选择

减小副偏角 κ_r' 可以显著地减小残留面积的高度，减小已加工表面的表面粗糙度值。同时，由于副偏角小，使刀尖角增大，散热良好，延长刀具寿命。但副偏角太小，会增加副后面与工件之间的摩擦，并使背向力增大，易引起振动。

一般车削取 $\kappa_r'=10°\sim15°$，精车取 $\kappa_r'=15°\sim10°$，切断刀的

κ_r' 更小（$\kappa_r'=1°\sim2°$）。当工件刚性较差或需要中间切入时，副偏角应取得较大（$\kappa_r'=30°\sim45°$）。

有时精车时，为了获得较小的表面粗糙度值，可磨出 $\kappa_r'=0°$ 的修光刃。但为了避免产生切削振动，修光刃的长度 l 要合适，切削钢时 $l=(1.2\sim1.5)f$，切削铸铁时 $l=(2.0\sim2.2)f$。

四、过渡刃的选择

刀尖是整个刀具上最薄弱的部位，那里的强度和散热条件都很差，故最易磨损。为了加强刀尖，延长刀具寿命，常磨出过渡刃，主偏角大的刀具尤其应当采用过渡刃。过渡刃有两种形式：

（1）圆弧过渡刃　如图 5-7a 所示，它的参数是刀尖圆弧半径 r_ε。从加工表面的表面粗糙度和刀具寿命的角度来说，刀尖圆弧半径 r_ε 越大越好。但 r_ε 增大时，背向力也增大，容易引起振动，因此，r_ε 的大小有一定的范围。主要是根据对刀尖强度的要求进行选择。例如，粗加工时，对刀尖强度要求高，r_ε 应取大值（$r_\varepsilon=0.5\sim2\text{mm}$）；精加工时，对刀尖强度要求低，$r_\varepsilon$ 宜取小值（$r_\varepsilon=0.2\sim0.5\text{mm}$）。

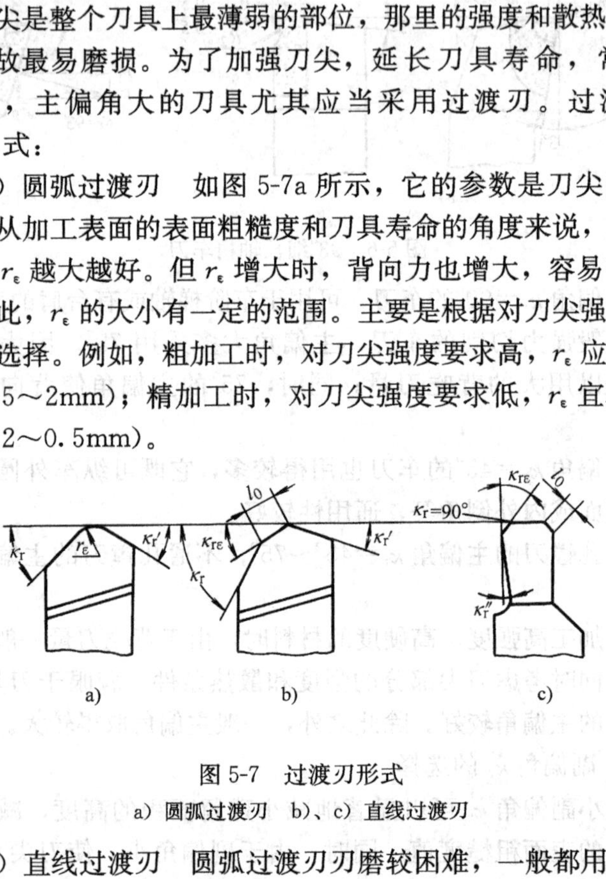

图 5-7　过渡刃形式

a）圆弧过渡刃　b）、c）直线过渡刃

（2）直线过渡刃　圆弧过渡刃刃磨较困难，一般都用直线过渡刃（图 5-7b、c）。直线过渡刃广泛用于粗加工或强力切削，一般过渡刃偏角 $\kappa_{r\varepsilon}=\kappa_r/2$；过渡刃长度 $l_0=0.5\sim2\text{mm}$，或取为背吃刀量的 1/4。

五、刃倾角的选择

刃倾角主要根据对刀尖部分强度的要求进行选择，还要考虑流屑方向和工艺系统刚性等问题。

粗加工钢或铸铁时，为了增强刀尖刃口的抗冲击能力，应取负的刃倾角（$\lambda_s=0°\sim-5°$），但如果工艺系统刚性不足，负值不宜过大，否则较大的背向力会引起振动。当加工余量不均匀，有冲击负荷或断续切削时，应取较大的负值（$\lambda_s=-5°\sim-15°$）；车削淬硬钢时，对刀尖强度要求高，取 $\lambda_s=-5°\sim-12°$；车削铜、铝时，对刀尖强度要求低，可取 $\lambda_s=5°\sim10°$。

精加工时，为了防止切屑划伤已加工表面，刃倾角应取正值，使切屑向待加工面方向流出，一般取 $\lambda_s=0°\sim5°$。

精车外圆、内孔和精刨平面时，常采用大刃倾角刀具，λ_s 可以大到 45°甚至 75°以上，使实际工件前角增大，切削轻快；另外，使刃口实际的刀尖圆弧半径 r_ε 减小，刃口锋利，以利切下很薄的切屑，获得较高的加工精度和较低的表面粗糙度值。这种大的刃倾角，不但适用于精车和精刨，就是圆柱铣刀、立铣刀等也广为采用。

第三节　切削液的合理选择

一、切削液的作用

（1）冷却作用　切削液又叫冷却润滑液，它能吸收并带走切削区大量的热量，改善散热条件，降低刀具和工件的温度，从而延长了刀具的使用寿命，并能防止工件加热变形而产生的尺寸误差，也为提高生产率创造了有利条件。

（2）润滑作用　切削液能渗透到工件与刀具之间，在切屑与刀具的微小间隙中形成一层很薄的吸附膜，减小了摩擦因数，因此可减小刀具、切屑、工件间的摩擦，使切削力和切削热降低，减少了刀具的磨损，使排屑顺利，并提高工件的表面质量。对于精加工，润滑作用就显得更重要了。

（3）清洗和防锈作用　切削过程中产生的细小的切屑粘附在

工件和刀具上，尤其是钻深孔时，切屑容易堵塞，降低工件的表面精度和刀具寿命。如果加注有一定压力、足够流量的切削液，则可将切屑迅速冲走，使切削顺利进行。在磨削时，切削液可将磨屑及脱落的磨粒冲洗掉，防止工件磨削表面划伤。在切削液中加入防锈添加剂后，能在金属表面形成保护膜，使机床、刀具和工件不受周围介质的腐蚀，起到防锈作用。

二、切削液的分类

常用的切削液有水溶液、乳化液和切削油三大类。

（1）水溶液　水溶液是以水为主要成分的切削液，加入一定量的添加剂，使它既有良好的防锈性能，又具有一定的润滑能力。

（2）乳化液　乳化液是一种由2%～5%（体积分数）的乳化油加95%～98%（体积分数）的水配制而成的切削液。乳化液主要起冷却作用。这类切削液的比热容大，粘度小，传热性较好，可以吸收大量的热量。主要用来冷却刀具和工件，延长刀具寿命，减少热变形。但因水的成分较多，所以润滑和防锈性能较差。可加入一定的油性、极压添加剂和防锈添加剂，以提高其润滑和防锈性能。

（3）切削油　切削油的主要成分是矿物油，少数采用植物油和动物油。这类切削液的比热容较小，粘度较大，散热效果较差，主要起润滑作用。常用粘度较低的矿物油，如10号、20号机油及轻柴油、煤油等。纯矿物油的润滑效果较差，使用时需加入极压添加剂和防锈添加剂，以提高它的润滑和防锈性能。动、植物油能形成较牢固的润滑膜，其润滑效果比纯矿物油好，但它们都是食用油，且易变质，应尽量少用或不用。

三、切削液的合理选用

切削液应根据加工性质、工件材料、刀具材料和工艺性要求等具体情况合理选用。选择切削液的一般原则是：

1. 根据加工性质选用

（1）粗加工时　由于粗加工时加工余量和切削用量较大，产生大量的切削热，因而会使刀具磨损加快，这时使用切削液的目的是降低切削温度，所以应选用以冷却为主的乳化液或水溶液。

（2）精加工时　切削热较少，主要是为了延长刀具的使用寿命，保证工件的精度和表面质量，应选用切削油或高浓度的乳化液。

（3）钻削、铰削和深孔加工时　由于刀具在半封闭状态下工作，排屑困难，切削热不能及时传散，容易使切削刃烧伤并严重破坏工件表面质量。这时应选用粘度较小的极压乳化液，并应增加压力和流量。一方面进行冷却、润滑，另一方面将切屑冲刷出来。

（4）磨削加工时　虽然磨削用量较小，切削力不大。但由于切削速度比较高（30～80m/s），因此，切削温度很高（可达800～1000℃），容易引起工件的局部烧伤、变形甚至产生裂缝。同时，磨削产生的大量细碎切屑和砂粒粉末也会破坏工件表面质量。故磨削时的切削液既要求具有较好的冷却性能和清洗性能，还要具有一定的润滑性能。磨削中常用的切削液为乳化液，但选用极压型合成切削液和多效型合成切削液的效果更好。

2. 根据工件材料选用

（1）切削钢件等塑性材料时　粗加工一般用乳化液，精加工用极压切削油。

（2）切削铸铁、铜及铝等脆性材料时　由于切屑碎末会堵塞冷却系统，容易使机床导轨磨损，一般不加切削液，但精加工时为了得到较高的表面质量，可采用粘度较小的煤油。

（3）切削有色金属和铜合金时　可使用煤油和粘度较小的切削油，但不宜采用含硫的切削液，以免腐蚀工件。切削镁合金时，不能用切削液，以免燃烧起火，必要时可使用压缩空气。

3. 根据刀具材料选用

（1）高速钢刀具　粗加工时，用极压乳化液。对钢料精加工时，用极压乳化液或极压切削油。

（2）硬质合金刀具　一般不加切削液，但在加工某些硬度高、强度好、导热性差的特种材料和细长工件时，可选用以冷却为主的切削液（如乳化液）。

四、使用切削液注意事项

为了使切削液达到应有的效果，在使用时还必须注意以下几点：

1）油状乳化油必须用水稀释后才能使用。

2）切削液的流量应充足，并应有一定的压力。切削液必须浇注在切削区域。磨削时切削液应直接浇注在砂轮与工件的接触部位。

3）使用硬质合金刀具切削时，如用切削液则必须从一开始就连续、充分地浇注，否则硬质合金刀片会因骤冷而产生裂纹。

4）切削液应常保持清洁，尽可能减少切削液中的杂质的含量，已变质的切削液要及时更换，超精密磨削时，可采用专门的过滤装置。

第四节　切削用量的合理选择

切削用量对切削力、切削热、积屑瘤、工件精度和表面粗糙度均有很大影响，而且还直接关系到充分发挥刀具、机床潜力和生产率的提高。

一、选择切削用量的一般原则和次序

以车削外圆为例，加工一个零件所需的机动时间 $T_{机}$，可用下式计算

$$T_{机}=\frac{L}{nf}\cdot\frac{h}{a_{\mathrm{p}}}=\frac{L}{\frac{1000v_{\mathrm{c}}}{\pi D}f}\cdot\frac{h}{a_{\mathrm{p}}}=\frac{Lh\pi D}{1000v_{\mathrm{c}}fa_{\mathrm{p}}}$$

式中　L——刀具行程长度，等于工件的加工长度加切入和切出长度（mm）；

h——单边加工余量（mm）；

n——主轴转速（r/min）；

f——进给量（mm/r）；

a_{p}——背吃刀量（mm）；

v_c——切削速度（m/min）；

D——外圆直径（mm）。

由上式可以看出，v_c、f、a_p 的乘积越大，$T_{机}$ 越小，则劳动生产率越高。但 v_c、f、a_p 也不能任意增大，过大会使刀具很快磨损。从它们对刀具寿命的影响来看，a_p 的影响最小、f 次之、v_c 的影响最大。所以，选择切削用量时，首先应考虑增大 a_p，其次考虑增大 f，最后考虑增大 v_c。只有这样才能充分利用刀具的寿命，使生产率提高、成本降低。这是选择切削用量的一般原则和次序。

二、切削用量的选择

1. 背吃刀量 a_p 的选择

应根据加工余量决定背吃刀量 a_p。粗加工时尽可能把粗加工余量一次切除，即 $a_p=h$。若粗加工余量太大，一次切除有困难（可能产生强烈振动、刀具强度不够或机床功率不够）时，才被迫分两次或三次进给。

半精加工时，若 $h\leqslant 2$mm，一般可以一次切除（即 $a_p=h$）；若 $h>2$mm，一般分两次切除，第一次 $a_{p1}=(2/3\sim3/4)h$，第二次 $a_{p2}=(1/3\sim1/4)h$。

一般半精车加工余量留 1～3mm，精加工余量留 1mm 以下。若分几次进给时，务必第一次或头几次进给的背吃刀量要取得大些，留下少许加工余量作为精车用。

2. 进给量 f 的选择

背吃刀量选定后，应尽可能选取较大的进给量 f。粗加工时，进给量受工件的刚性、装夹的牢靠程度等限制，也就是说，粗加工时，限制进给量的因素是切削力。半精加工或精加工时，因切削力较小，这时限制进给量的主要因素是工件的表面精度。

一般进给量常用查表法确定初步数据，然后对照机床说明书（或铭牌）选取机床实际进给量。

用硬质合金车刀粗车外圆及端面时，进给量可参考表 5-4 选取。硬质合金车刀半精车外圆及端面时，进给量可参考表 5-5 选取。

表 5-4　硬质合金车刀粗车外圆及端面时的进给量

加工材料	车刀刀柄尺寸 $\frac{B}{mm}\times\frac{H}{mm}$	工件直径 /mm	背吃刀量 a_p/mm				
			≤3	>3~5	>5~8	>8~12	12以上
			进给量 f/(mm/r)				
碳素结构钢和合金结构钢	16×25	20	0.3~0.4	—	—	—	—
		40	0.4~0.5	0.3~0.4	—	—	—
		60	0.5~0.7	0.4~0.6	0.3~0.5	—	—
		100	0.6~0.9	0.5~0.7	0.5~0.6	0.4~0.5	—
		400	0.8~1.2	0.7~1.0	0.6~0.8	0.5~0.6	—
	20×30 25×25	20	0.3~0.4	—	—	—	—
		40	0.4~0.5	0.3~0.4	—	—	—
		60	0.6~0.7	0.5~0.7	0.4~0.6	—	—
		100	0.8~1.0	0.7~0.9	0.5~0.7	0.4~0.7	—
		400	1.2~1.4	1.0~1.2	0.8~1.0	0.6~0.9	0.4~0.6
铸铁及铜合金	16×25	40	0.4~0.5	—	—	—	—
		60	0.6~0.8	0.5~0.8	0.4~0.6	—	—
		100	0.8~1.2	0.7~1.0	0.6~0.8	0.5~0.7	—
		400	1.0~1.4	1.0~1.2	0.8×1.0	0.6~0.8	—
	20×30 25×25	40	0.4~0.5	—	—	—	—
		60	0.6~0.9	0.5~0.8	0.4~0.7	—	—
		100	0.9~1.3	0.8~1.2	0.7~1.2	0.5~0.8	—
		400	1.2~1.8	1.2~1.6	1.0~1.3	0.9~1.1	0.7~0.9

表 5-5　硬质合金车刀半精车外圆及端面时的进给量

加工材料	表面粗糙度 Ra/μm	切削速度范围 /(m/min)	刀尖圆弧半径 r_ε/mm		
			0.5	1.0	2.0
			进给量 f/(mm/r)		
碳素结构钢和合金结构钢	6.3	≤50	0.30~0.50	0.45~0.60	0.55~0.70
		>80	0.40~0.55	0.55~0.65	0.65~0.70
	3.2	≤50	0.20~0.25	0.25~0.30	0.30~0.40
		>80	0.25~0.30	0.30~0.35	0.35~0.40
	1.6	≤50	0.10~0.11	0.11~0.15	0.15~0.20
		>80	0.10~0.20	0.16~0.25	0.25~0.35
铸铁、青铜及铝合金	6.3	不限	0.25~0.40	0.40~0.50	0.50~0.60
	3.2		0.12~0.25	0.25~0.40	0.40~0.60
	1.6		0.10~0.15	0.15~0.20	0.20~0.35

注：加工耐热钢及合金、钛合金，切削速度大于0.8m/s时，表中进给量应乘系数0.7~0.8。

3. 切削速度 v_c 的选择

当背吃刀量 a_p 和进给量 f 选好以后，切削速度应尽可能取得大些。最合理的切削速度，应当是既能充分发挥刀具的切削性能，又能充分利用机床的功率，并保证加工质量。

通常选择切削速度的主要依据是刀具寿命。当背吃刀量 a_p 和进给量确定后，按已知的刀具寿命 T，用下式计算出切削速度 v_c

$$v_c = \frac{C_v}{T^m a_p^{x_v} f^{y_v}} K_v$$

公式中的 C_v 是系数，x_v、y_v 和 m 是指数，K_v 是一系列修正系数的乘积。这些数值可在有关手册中查出。T 是刀具寿命，可参考第四章。切削速度也可以直接从有关手册中查出。表 5-6 为硬质合金车刀的切削速度参考值。

表 5-6　硬质合金车刀切削速度参考值

（单位：m/min）

工件材料	硬度（HBW）	刀具材料	a_p=0.3～2mm f=0.1～0.3mm/r	刀具材料	a_p=2～5mm f=0.2～0.6mm/r	刀具材料	a_p=5～8mm f=0.3～0.8mm/r
碳素钢 合金结构钢	150～200 200～250 250～325 325～400	YT15 (P15)	120～150 110～130 75～90 60～80	YT5 (P30)	90～110 80～100 60～80 40～60	YT5 (P30)	60～75 50～65
奥氏体 不锈钢		YG8 (K20)	90～110	YG8 (K20)	70～90		
灰铸铁	150～200 200～250	YG6 (K10)	90～110 70～90	YG8 (K20)	70～90 50～70	YG8 (K20)	45～65 35～55
铜及铜合金		YG6 (K10)	200～250	YG8 (K20)	120～180	YG8 (K20)	90～120
铝及铝合金		YG6 (K10)	300～500	YG8 (K20)	200～400	YG8 (K20)	150～300

精加工时，为了保证已加工表面的表面质量，选择的切削速度应避开积屑瘤区域。对硬质合金车刀应取较高的切削速度，如高速钢车刀则取较低的切削速度，因为这时不容易产生积屑瘤。

必须指出：要做到合理选择切削速度是比较困难的，虽然有计算公式或查有关手册，但由于其他因素较多，因此，这些数据只能作为参考。一般可以根据切屑颜色来判断选用的切削速度是否合适。如用高速钢刀具切出来的切屑呈白色或黄色，表明切削速度是合适的；若切屑为紫色，则说明切削速度太高。用硬质合金刀具切出来的切屑呈蓝色或紫色，表明切削速度是合适的；若切削时出现火花，说明切削速度太高了；反之，如果是白色黄色，这说明硬质合金刀具的切削性能没有充分发挥，切削速度还可以提高。

切削用量选定后，有时需要校核一下机床功率，如机床超负荷过多，一般可适当降低切削速度；若切削功率比机床主电动机的效功率小得多，同时由于机床转速的限制，切削速度不能提高时，为了充分发挥机床的功能和提高生产率，可采用强力切削。

思考与练习题

1. 什么叫切削加工性？衡量切削加工性要考虑哪几个方面？

2. 衡量下列材料的切削加工性：45 钢，铸铁 HT200，调质 2Cr13，1Cr18Ni9Ti。

3. 金属材料的强度和硬度对切削加工性有何影响？

4. 金属材料的塑性对切削加工性有何影响？

5. 金属材料的韧性和热导率对切削加工性有何影响？

6. 刀具几何参数包括哪些方面？

7. 改善工件材料的切削加工性有哪些途径？

8. 当刀具寿命不变，从提高生产率的观点出发，应首先增大 a_p 还是增大 f？为什么？

9. 对切削液的要求有哪些？

10. 常用的切削液哪有几种？各适用在什么场合？

11. 试述车削时刃倾角是如何影响切屑流向的？

12. 试述前角和后角的作用和选择方法。

13. 试述主偏角和刃倾角的作用和选择方法。

14. 选择切削用量应考虑哪些原则？

第六章 常用刀具

金属切削刀具对于保证加工精度与表面质量、提高劳动生产率、改进加工技术和降低生产成本，有着直接的影响。因此，正确选择并合理使用刀具是机械加工中的一项重要工作。

金属切削刀具的种类有很多，主要介绍在金属切削加工中常用的车刀、麻花钻、镗刀、铰刀、铣刀、丝锥与板牙等以及磨削和砂轮的基本知识。

第一节 车 刀

车刀的性能直接影响着产品零件的加工质量和生产效率。车刀材质、几何形状和角度是影响车刀性能的主要因素，此外切削用量、刃磨技术及刀具结构等也是影响车刀切削状态的重要因素，需合理选择。

一、车刀的种类与用途

在金属车削加工过程中，车床是形成切削运动和动力的来源，车刀则直接改变毛坯的形状，使其达到所需要零件的形状和技术条件的工作部件。车刀的种类有很多，在实际生产中，根据零件加工需要选用所需车刀。

1. 按车刀用途分类

车刀按用途可分外圆车刀、端面车刀、切断刀、内孔孔刀、成形车刀和螺纹车刀等，如图 6-1 所示。

2. 按车刀结构分类

按结构可分为整体车刀、焊接车刀、机夹车刀、可转位车刀和成形车刀，如图 6-2 所示。其中可转位车刀的应用日益广泛，在车刀中所占比例逐渐增加。

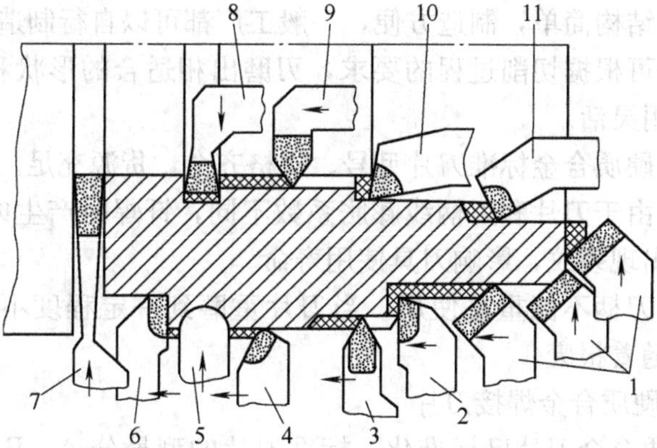

图 6-1　各种用途的车刀

1—45°弯头车刀　2—90°外圆车刀　3—外螺纹车刀　4—75°外圆车刀　5—成形车刀　6—90°左切外圆车刀　7—切断刀、车槽刀　8—内孔车槽车刀　9—内螺纹车刀　10—95°内孔车刀　11—75°内孔车刀

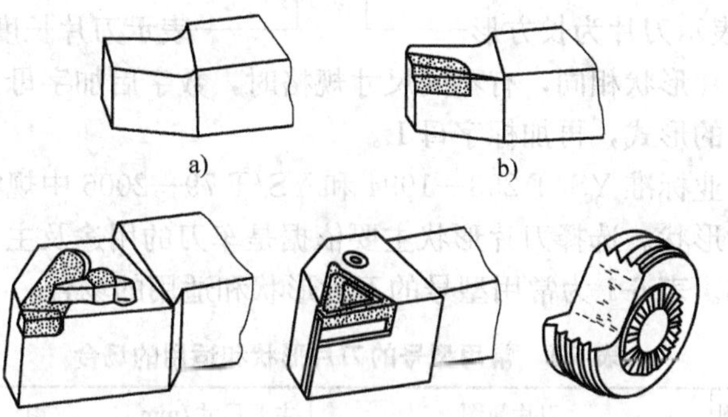

图 6-2　各种结构的车刀

a）整体车刀　b）焊接车刀　c）机夹车刀　d）可转位车刀　e）成形车刀

二、焊接式车刀

焊接车刀是将一定形状的硬质合金刀片，用黄铜、纯铜或其他钎料，钎焊在普通结构钢刀柄上而制成的，是车刀中应用较广泛的一种。硬质合金焊接车刀有如下特点：

1）结构简单，制造方便，一般工厂都可以自行制造。

2）可根据切削过程的要求，刃磨出相适合的形状和切削角度，使用灵活。

3）硬质合金标准刀片型号、规格齐全，货源充足。

4）由于刀片和刀柄线膨胀系数不同，钎焊时产生内应力而使刀片出现裂纹，影响刀具使用寿命。

5）刀柄不能重复使用，当刀片重磨到一定程度不能再用，刀柄也随着报废。

1. 硬质合金焊接刀片

硬质合金刀片已标准化。标准刀片的型号分 A、B、C、D、E 五大类，每类又分若干组，每组有尺寸系列。刀片型号的表示方法由一个字母和三位数字组成，字母与第一位数字表示刀片形状，后两位数字代表刀片的主要尺寸，例如 A108。

A1　08

表示刀片为长方形——　——表示刀片长度 8mm

刀片形状相同，有不同尺寸规格时，数字后加字母 A。用于左切刀的形式，再加标字母 L。

行业标准 YS/T 253—1994 和 YS/T 79—2006 中规定了常用的刀片形状。选择刀片形状主要依据是车刀的用途及主、副偏角的大小。表 6-1 为常用型号的刀片形状和适用的场合。

表 6-1　常用型号的刀片形状和适用的场合

型号示例	刀片简图	主要尺寸/mm	用　　途
A108	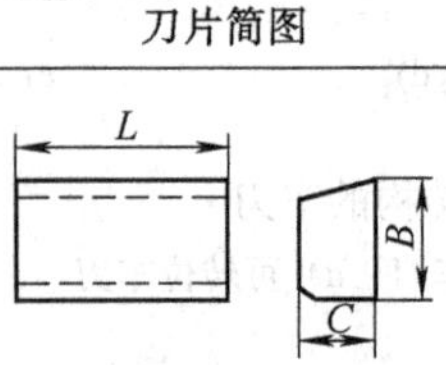	$L=8$	适用于外圆、内孔车刀和车槽刀
A116		$L=16$	
A208	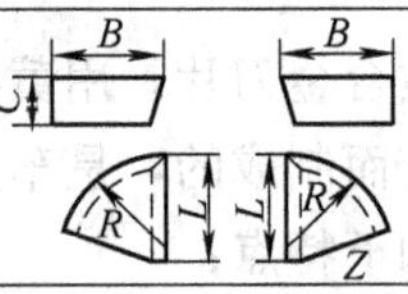	$L=8$	适用于端面车刀、内孔车刀
A225Z		$L=25$（左）	

（续）

型号示例	刀片简图	主要尺寸/mm	用　　途
A312Z	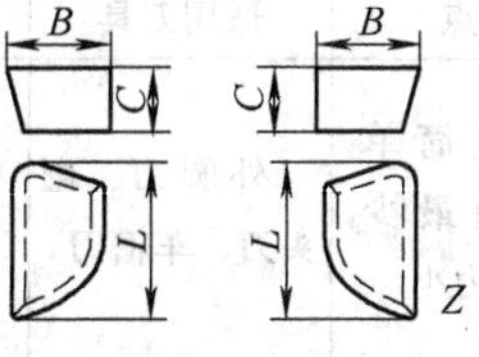	L=12（左）	适用于外圆车刀、端面车刀
A340		L=40	
A406	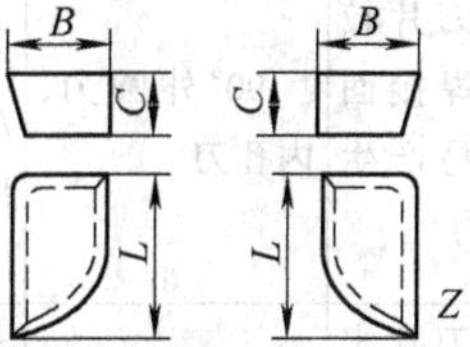	L=6	适用于外圆、内孔车刀和端面车刀
A430Z		L=30（左）	
C110	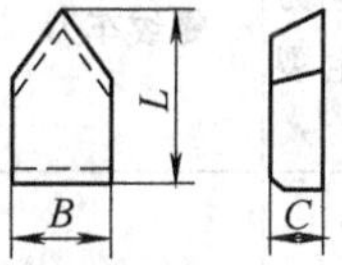	L=10	适用于螺纹车刀
C122		L=22	
C304	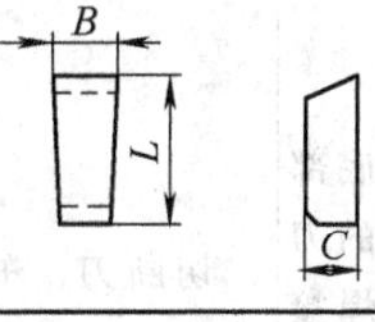	B=4.5	适用于切断刀和车槽刀
C312		B=12.5	

选用焊接车刀时主要根据被加工零件的材料和形状、加工性质、机床的型号、规格，同时应考虑车刀结构、刀片材料与型号、刀柄材料、外形尺寸及刀具几何参数等。刀片长度 L 根据主切削刃工作长度选取，一般应使刀片长度大于主切削刃工作长度的 1.5 倍。切断刀或车槽刀用 C3 型刀片，其宽度 B 按加工工艺要求确定。对大刃倾角或特殊几何形状的车刀，用户在重磨时还需计算刃磨工艺参数，以便刃磨时按其调整机床。

2. 刀槽的形状和尺寸

焊接车刀的刀槽有开口槽、半封闭槽、封闭槽、嵌入槽、V

形槽、燕尾槽等形式，其特点及用途见表 6-2。

表 6-2 刀槽与使用特点

刀槽名称	简　图	特点	适用刀具	配用刀片
开口槽	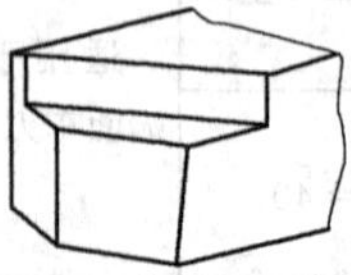	制造简单，焊接面最少，刀具应力小	外圆刀、弯头刀、车槽刀	A1、C3、C4、B1、B2
半封闭槽	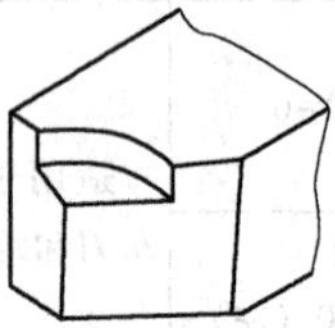	夹持刀片较牢固，焊接面大，容易产生焊接应力	90°外圆刀、内孔刀	A2、A3、A4、A5、A6、B3、D1
封闭槽		夹持刀片牢固，焊接应力大，易产生裂纹	螺纹车刀	C1
嵌入槽				
V形槽		适用于底部面积较小的刀片，增加焊接面提高结合强度	切断刀、车槽刀	A1、C3
燕尾槽				

三、机械夹固式车刀

1. 机械夹固式车刀的特点

为了克服整体式和焊接式车刀所存在的缺点，人们创造和推广使用了机械夹固式车刀。机械夹固式车刀是指用机械方法定位、夹紧刀片，通过刀片体外刃磨与安装倾斜后，综合形成刀具角度的车刀。切削刃磨损后可将刀片卸下，经过刃磨，再重新装上继续使用。机夹车刀可用于车削外圆、端面、内孔，特别在车槽、车螺纹及刨削方面应用较为广泛。机夹式车刀的特点如下：

1）刀片不经过高温焊接，避免了因焊接而引起的刀片硬度下降，产生裂纹等缺陷，延长了刀具寿命。

2）因为刀具寿命长，且换刀时间缩短，提高了生产效率。

3）刀柄可以多次重复使用，节省了制造刀柄的钢材。

4）硬质合金刀片重磨次数增加，利用率提高。刀片不能继续使用后，还可以由有关厂家回收再制。

虽然这种结构的车刀有上述优点，但在使用过程中仍需刃磨，因受热产生裂纹的现象不能完全避免，故对刀具寿命的提高仍有影响。目前可选购的机夹车刀种类较多。选择时，首先要根据刀具结构来合理选择重磨刀面；其次是刀片进行体外刃磨的角度需按刀片安装与重磨结构进行计算。这些问题在焊接车刀与可转位车刀中都是没有的。

2. 刀片夹紧方式

图 6-3 所示为几种机夹外圆车刀的典型夹紧方式。图 6-3a

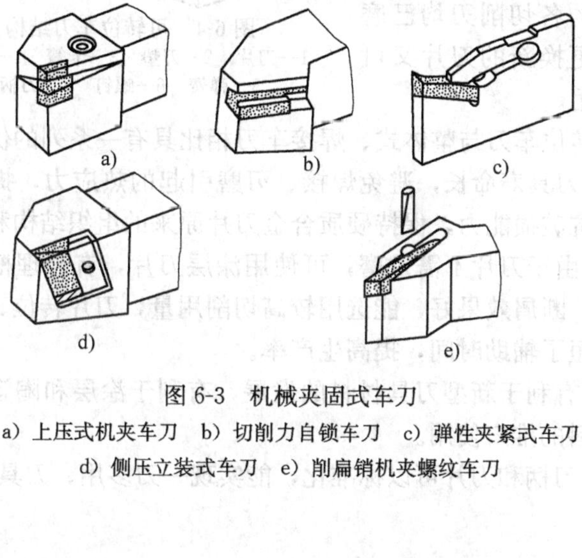

图 6-3　机械夹固式车刀

a）上压式机夹车刀　b）切削力自锁车刀　c）弹性夹紧式车刀
d）侧压立装式车刀　e）削扁销机夹螺纹车刀

为上压式机夹车刀，利用螺钉、压板将刀片压紧在刀槽中，压板上可装挡屑块以控制断屑。图 6-3b 为切削力自锁车刀，它是利用切削时产生的合力将刀片夹紧在 1∶30 的斜槽中。这种方式结构简单，使用方便，但要求刀槽与刀片配合紧密，切削时不能有大的冲击振动。图 6-3c 为弹性夹紧式车刀，它是利用刀柄上开的弹性槽夹紧刀片，使刀片装卸调整方便。图 6-3d 为侧压立装式车刀，它适合强力切削。图 6-3e 为削扁销机夹螺纹车刀，这种结构可适当降低对刀槽制造精度的要求。

四、可转位车刀

1. 可转位车刀的特点

可转位车刀由刀片、刀垫、刀柄及夹紧机构等元件组成（图 6-4）。压制的刀片具有合理的几何参数和断屑槽形状，用机械夹固的方法装夹在特制的刀柄上。刀片的切削刃磨钝后，可方便地转位换刃，用另一新的切削刃继续工作，待多角形刀片的各切削刃均已磨钝后，更换新的刀片又可继续使用。

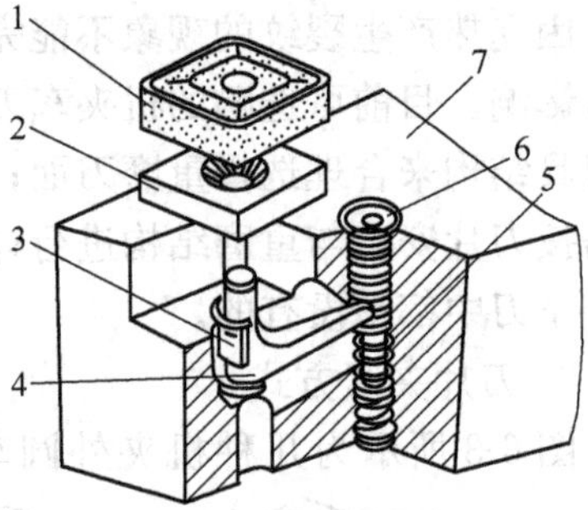

图 6-4　可转位车刀结构
1—刀片　2—刀垫　3—卡簧　4—杠杆
5—弹簧　6—螺钉　7—刀柄

可转位车刀与整体式、焊接车刀相比具有一系列的优点：

1）刀具寿命长，避免焊接、刃磨引起的热应力，提高刀具耐磨及抗破损能力，保持硬质合金刀片原来的组织结构和性能。

2）由于刀片不需重磨，可使用涂层刀片，有合理槽形与几何参数，断屑效果好，能选用较高切削用量，刀片转位、更换方便，缩短了辅助时间，提高生产率。

3）有利于新型刀具材料的发展，有利于涂层和陶瓷等新型刀片材料的推广使用。

4）刀柄和刀片可以标准化，能实现一刀多用、刀具成本低，刀柄使用寿命长，大大减少刀具库存量，有利于工具的计划供应和储存保管。

可转位刀具尚不能完全取代焊接与机夹刀具，因为在刃形、几何参数方面还受刀具结构与工艺的限制。例如尺寸小的刀具常用整体或焊接式。

2. 可转位车刀刀片的ISO代码

国家标准GB/T 2076至GB/T 2081中对可转位车刀刀片形状、代号及其选择有详细的规定。可转位车刀的刀片形状、尺寸，精度、结构等用十个号位表示，与ISO规则一致，见表6-3。

表6-3　可转位车刀刀片标记方法示例

号位	1	2	3	4	5	6	7	8	9	10
表达特性	刀片形状	刀片后角	精度代号	断屑槽及夹固形式	刀片刃长/mm	刀片厚度/mm	刀尖圆角半径	切削刃截面形状	切削方向	断屑槽型与宽度
举例	T	N	U	M	12	03	08	E	R	A4

(1) 刀片形状　号位1表示刀片形状，见表6-4。

表6-4　刀片形状的表示

代号	T	S	F	W	P	R	V	D	L
形状							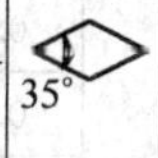		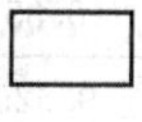

正三角形（T）多用于刀尖角小于90°的外圆、端面车刀。但刀尖强度差，只宜用较小的切削用量。正方形（S）刀尖角等于90°，通用性广，可用于外圆、端面、内孔、倒角车刀。有副偏角的三边形（F）刀尖角等于82°，多用于偏头车刀。凸三边形（W）刀尖角等于80°，刀尖强度、寿命比正三角形刀片好，应用面较广，除工艺系统刚性较差者均宜采用。圆刀片（R）适合用于加工成形曲面或精车刀具。棱形刀片（V、D）适合用于

仿形、数控车床刀具。

（2）刀片的后角　号位 2 表示刀片的后角，见表 6-5。后角中使用最广的是 N 型刀片后角，其数值为 0°。实际刀具后角靠刀片安装在刀柄上倾斜形成。

表 6-5　刀片的后角的表示

代号	A	B	C	D	E	F	G	N	P	O
角度	3°	5°	7°	15°	20°	25°	30°	0°	11°	特殊

（3）刀片尺寸的公差等级　号位 3 表示刀片的尺寸公差等级，见表 6-6。公差等级共有 12 种，其中 U 为普通级，M 为中等级，其余 A、F、G、…均为精密级。

表 6-6　刀片尺寸公差等级的表示　（单位：mm）

内切圆直径 d	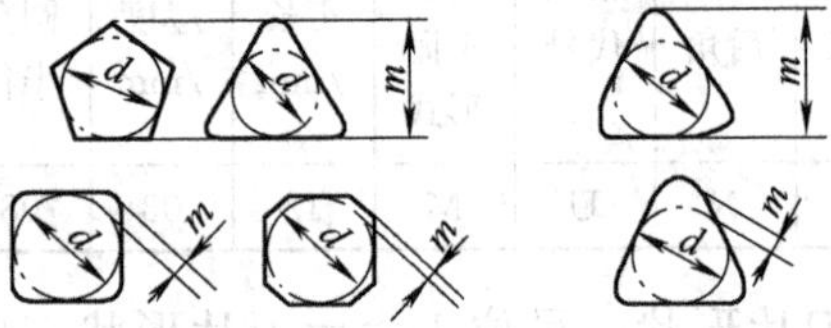						
	d（±）			m（±）			刀片厚度 s（±）
	G	M	U	G	M	U	GMU
6.35	0.025	0.05	0.08	0.025	0.08	0.13	0.13
9.525		0.05	0.08		0.08	0.13	
12.70		0.08	0.13		0.13	0.20	
13.375		0.10	0.18		0.15	0.27	
19.05		0.10	0.18		0.15	0.27	
25.40		0.13	0.25		0.18	0.38	

（4）刀片结构类型　号位 4 表示刀片结构类型，见表 6-7。结构类型有 A、N、R、M、G 和 X 六种。A 表示带孔无断屑槽型，用于不需断屑的场合。N 表示无孔平面型，用于不需断屑的

上压式结构。R 表示无孔单面槽型，单面有断屑槽。M 表示带孔单面断屑槽型，一般均使用此类，用途最广。G 表示带孔双面断屑槽型，可正反使用，提高刀片利用率。X 表示特殊形式，需要附加说明和图形。

表 6-7　刀片结构类型的表示

代号	A	N	R	M	G	X
结构类型	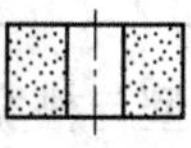	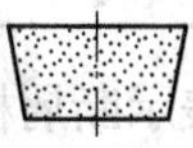	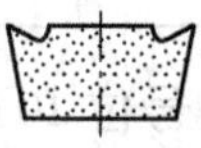	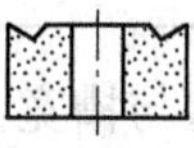	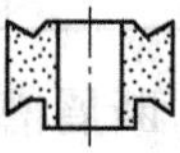	特殊形式

(5) 刀片的边长和厚度　号位 5 和号位 6 分别表示刀片边长和刀片厚度。刀片边长选取舍去小数部分的刀片边长值作代号；刀片厚度选取舍去小数部分的刀片厚度值作代号。若舍去小数部分后，只剩下一位数字，则必须在数字前加“0”。如切削刃长度分别为 16.5mm、9.52mm，则数字代号分别为 16 和 09。当刀片厚度的整数值相同，而小数部分不同，则将小数部分大的刀片的代号用“T”代替“0”，以示区别。如刀片厚度分别为 3.18mm 和 3.97mm 时，前者代号为 03，后者代号为 T3。

(6) 刀尖转角形状或刀尖圆弧半径　号位 7 表示刀尖转角形状或刀尖圆弧半径，若刀尖转角为圆角，则用省去小数点的圆角半径毫米数表示，如刀尖圆弧半径为 0.8mm，代号为 08，刀尖圆弧半径为 1.2mm，代号为 12，当刀尖转角为夹角时，代号为 00。

(7) 刃口形式　号位 8 表示刃口形式，刃口形式用字母表示刀片的切削刃截面形状，F 代表尖锐切削刃，E 代表倒圆切削刃，T 代表倒棱切削刃，S 代表既倒棱又倒圆切削刃，见表 6-8。

表 6-8　刃口形式的表示

代号	F	E	T	S
刃口形式	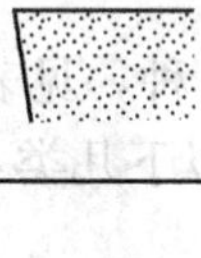	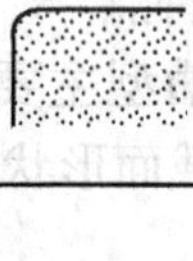	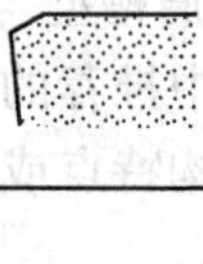	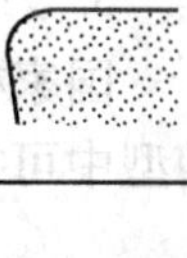

（8）切削方向　号位 9 表示切削方向，其中 R 表示右切的外圆刀，L 表示左切的外圆刀或右切的车孔刀，N 表示左、右均有切削刃，既能左切又能右切，见表 6-9。

表 6-9　切削方向的表示

代号	R	L	N
切削方向	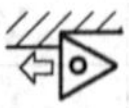	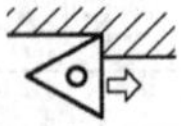	

（9）断屑槽型与槽宽　号位 10 表示断屑槽型与槽宽，用舍去小数位部分的槽宽毫米数表示刀片断屑槽宽度的数字代号。如槽宽为 0.8mm，代号为 0；槽宽为 3.5mm，代号为 3，见表 6-10。

表 6-10　断屑槽型与槽宽的表示

代号	A	Y	K	H	J	U	槽宽 a
断屑槽形状				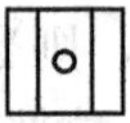	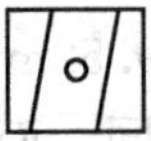		 a=1，2，3 4，5，6，7
	Z	V	M	W	G	P	
		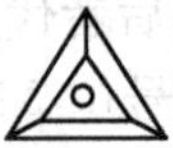					
	B	0	D	C			
		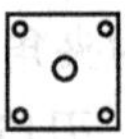	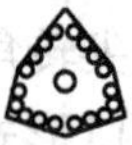				

刀片标记方法举例：SNUM150612-V4 代表正方形、零后角、普通级精度、带孔单面断屑槽型刀片，刀片切削刃长 15.875mm，刀片厚度 6.35mm，刀尖圆弧半径 1.2mm，V 型断屑槽宽度 4mm。

3. 刀片断屑槽型与应用特点

国家标准中推荐的刀片槽型主要有 16 种，见表 6-10。这些槽型中可按结构特点或槽型截面形状分为以下几类：

（1）按结构特点分类　按结构特点可分为开口式断屑槽和封闭式断屑槽两类。

开口式断屑槽如表 6-10 中 A、Y、H、K、J 等。断屑槽一边或两边开通，保证主切削刃获得大前角，切削力小，但刀尖强度低，断屑范围窄，多用于切削用量变化不大的情况。开口式断屑槽有左切、右切两种，两者不能通用。

封闭式断屑槽如表 6-10 中 V、M、W、G 等，断屑槽不开通，左、右切削刃角度相同，可以通用，刀尖强度好，适应性较广。但切削力较大，要求机床有较大功率与刚性。

（2）按截面形状及几何角度特点分类　按截面形状及几何角度特点可分为正前角零刃倾角槽型、正前角正刃倾角槽型和变截面槽型三类。

正前角零刃倾角槽型如表 6-10 中 A、Y、K、V、M、W 等。此类属常用简单槽型，刃倾角为 0°，切削刃上各点前角相同。

正前角正刃倾角槽型如表 6-10 中 C。由于刀片作出正刃倾角，使切削背向力减少。

变截面槽型如表 6-10 中 U、P、B 等。这类槽型纵、横截面均为圆弧，切削刃各点槽深、槽宽、刃倾角都不同。使得切削力不大，断屑稳定，切屑不易飞溅，适用范围较广。

4. 可转位车刀的夹紧形式

可转位车刀刀片定位、夹紧的结构种类很多。其基本结构是杠杆式，也有些刀具采用杠销式、上压式、偏心式及斜楔式等。近年来又出现有拉垫式，钩销式，压孔式等。选择刀片定位夹紧的结构时应注意以下几点要求：

1）定位精度要高，刀片转位或更换后，刀尖及切削刃位置变化应尽量小。夹紧力的方向应使刀片靠紧定位面，保持定位精度不变。

2）刀片夹紧要牢靠，在正常切削力作用下不产生位移，即使在切削力的冲击和振动下，也不会松动。

3）刀片转位和更换方便，以缩短辅助时间。

4）刀片前面上最好无障碍，保证切屑顺利排出，容易观察。特别是内孔车刀，最好不用上压式，防止切屑缠绕划伤已加工表面。

5）结构简单，工艺性好，制造方便。

可转位车刀典型夹紧结构及其特点见表 6-11。

表 6-11　可转位车刀典型夹紧结构及其特点

名称	定位面/夹紧件	主要特点	结构示意图
杠杆式	底面和周边/杠杆与压紧螺钉	定位精度高，调节余量大，夹紧可靠，拆卸方便	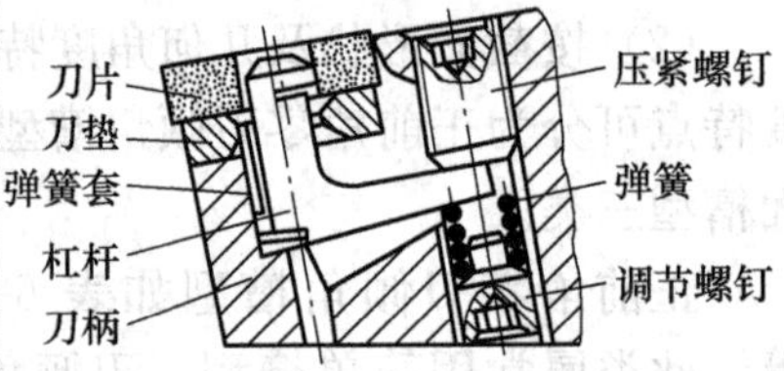
杠销式	底面和周边/杠销与加力螺钉	杠销比杠杆制造简单，调节余量小，装卸刀片不如杠杆方便	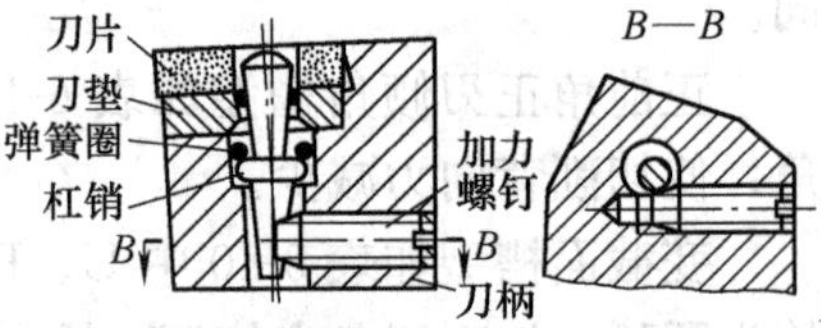
偏心式	底面和周边/螺纹偏心销	元件小，结构紧凑，调节余量小，要求制造精度高	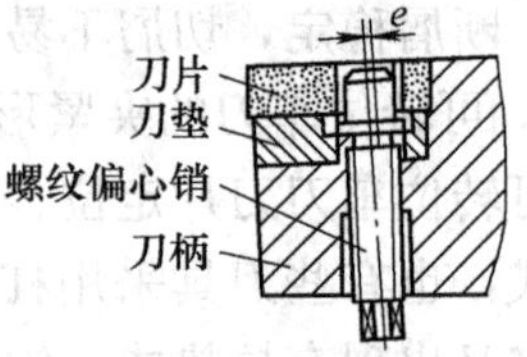
斜楔式	底面和销孔/楔块与压紧螺钉	定位准确，刀片尺寸变化较大时也可夹紧，定位精度不高	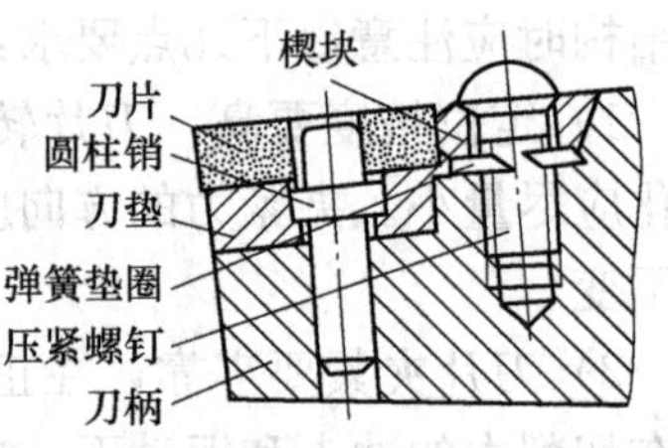

（续）

名称	定位面/夹紧件	主要特点	结构示意图
上压楔块式	底面和销孔/特殊楔块与螺钉	定位准确。夹紧可靠，刀片尺寸有变动时仍可夹紧	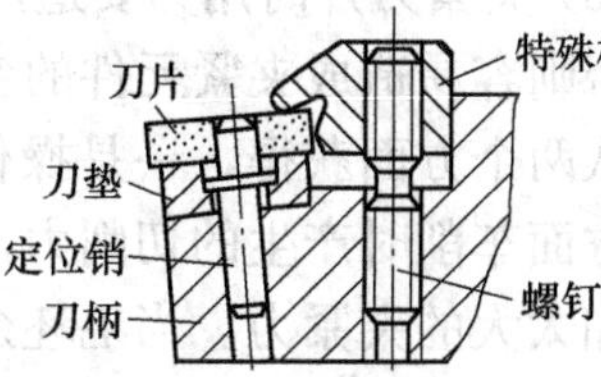
上压式	底面和周边/压板螺钉	元件小，夹紧可靠，装卸容易，排屑受一定影响	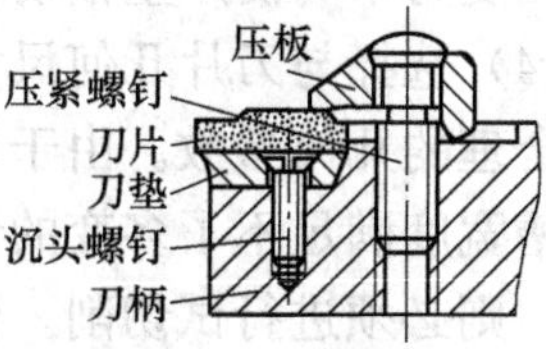
拉垫式	底面和周边/拉垫螺钉	夹紧可靠，允许刀片尺寸有较大变动。刀杆刚性弱，不宜用于粗加工	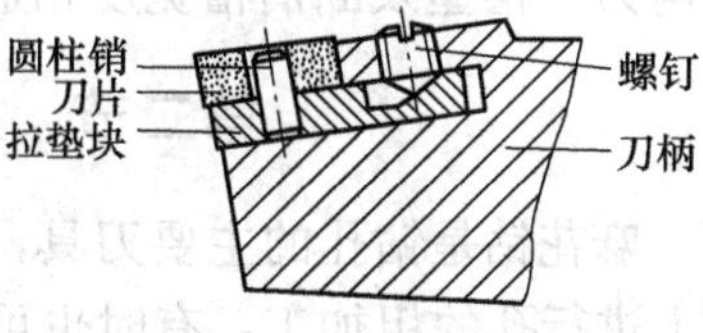
压孔式	底面和周边/带锥面螺钉	结构紧凑、简单，夹紧可靠，刀杆尺寸可做得较小	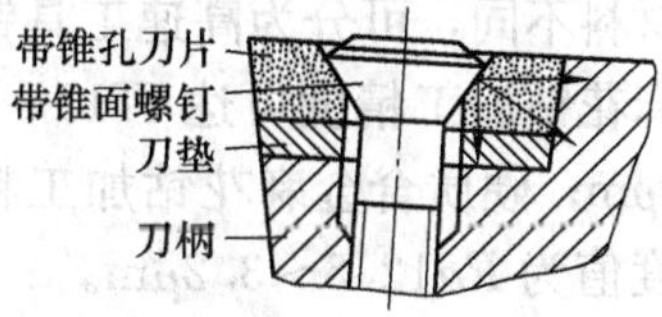

5. 可转位车刀使用时的注意事项

（1）使用前要检查所用车刀是否符合要求　使用前要检查所选用的刀片牌号和代号是否符合要求。刀口有无缺陷，刀片底面是否平整；刀柄的刀槽底面（支承面）有无变形等缺陷以及夹紧定位元件是否完整无损。

（2）安装刀片要注意使接触面贴合　即刀片与刀垫、刀垫与刀柄上的支承面之间紧密贴合。夹紧时要用手指按住刀片，仔细检查，不能有间隙，否则切削时刀片由于局部受力容易导致碎裂，当刀片转位或更换时应注意使刀柄，刀垫和刀片的接触面保持清洁。

(3) 夹紧刀片时用力要适当　夹紧刀片时应注意不要用力太大，否则容易造成夹紧元件的变形或损坏。可转位刀片的夹紧力可以从两个方面获得，一是操作者用内六角扳手拧紧加力螺钉，另一方面车削时产生的切削力，具有将刀片夹紧的作用，所以不必施加太大的夹紧力。当毛坯余量不均匀或断续切削时，要防止刀片因受力不均而产生松动，应注意经常检查。

(4) 选择与刀片几何尺寸相适应的切削用量　可转位刀片优选了合理的几何参数。由于切削用量的不同，一种刀片的槽型及断屑槽宽度满足不了多变的切削条件。要想获得比较满意的切削效果，则必须进行试切削。使用每一种新刀片最好通过试切削找出与刀片槽型及断屑槽宽度相适应的切削用量。

第二节　麻　花　钻

麻花钻是钻孔的主要刀具，应用非常广泛，主要用在实心材料上进行孔的粗加工，有时也可当扩孔钻使用。根据制造麻花钻的材料不同，可分为高速工具钢麻花钻和硬质合金麻花钻。高速钢麻花钻加工精度可达 IT13～IT11 级，表面粗糙度值为 $Ra25$～6.3μm；硬质合金麻花钻加工精度可达 IT11～IT10 级，表面粗糙度值为 $Ra12.5$～3.2μm。

一、麻花钻的结构与几何参数

1. 麻花钻的结构

麻花钻的结构如图 6-5a、b 所示，由工作部分、空刀和柄部组成。钻头工作部分是刀具的主要部分，分为切削部分和导向部分。

(1) 切削部分　切削部分（图 6-5c）负担主要的切削工作，它由两个螺旋前面 A_γ、两个圆锥面或是其他曲面的后面 A_α 和两个螺旋形副后面（即刃带棱面 A'_α）组成。前、后面相交形成的

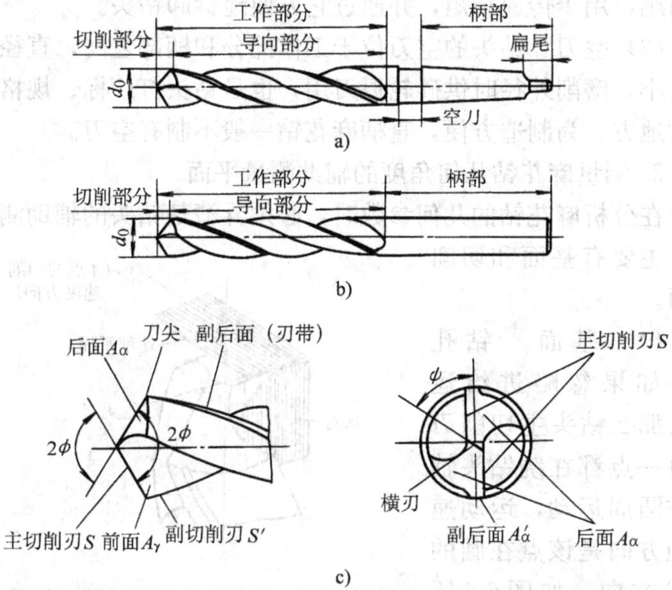

图 6-5 麻花钻的结构

刃口 S 称为主切削刃；两个后面相交而形成的切削刃称为横刃；前面与刃带相交的棱边 S' 称为副切削刃。标准麻花钻的两条主切削刃和横刃都近似为直线，副切削刃刃带棱边为螺旋线。导向部分在钻头钻削过程中起导向和排屑作用，也是切削部分的备磨部分。导向部分的两条螺旋槽起到流入切屑液，排出切屑的作用。钻体心部称为钻心，联结着两刃瓣。为提高钻头的刚性与强度，钻心直径从切削部分向柄部逐渐增大，正锥量一般为每100mm 长度上增大 1.4～2mm。为减小钻头刃带与孔壁间的摩擦，控制孔的廓形和导向作用，导向部分外径有倒锥量，即从切削部分向柄部逐渐减小。标准麻花钻的倒锥量为每 100mm 长度上减少 0.03～0.12mm。

（2）柄部　钻头的柄部是钻头的夹持部分，并用来传递转矩。有直柄和锥柄两种。直柄（图 6-5b）用于小直径的钻头，锥柄（图 6-5a）用于直径大于 12mm 以上的钻头。锥柄后端做成扁尾，用于传递转矩，并通过它方便地拆卸钻头。

(3) 空刀　钻头的空刀位于工作部分和柄部之间，直径比柄部略小，磨削外径时供砂轮退刀用，也是钻头打厂标、规格等标记的地方。为制造方便，直柄麻花钻一般不制有空刀。

2. 测量麻花钻几何角度的辅助测量平面

在分析麻花钻的几何参数时，必须弄清楚钻头的辅助测量平面，主要有基面和切削平面。

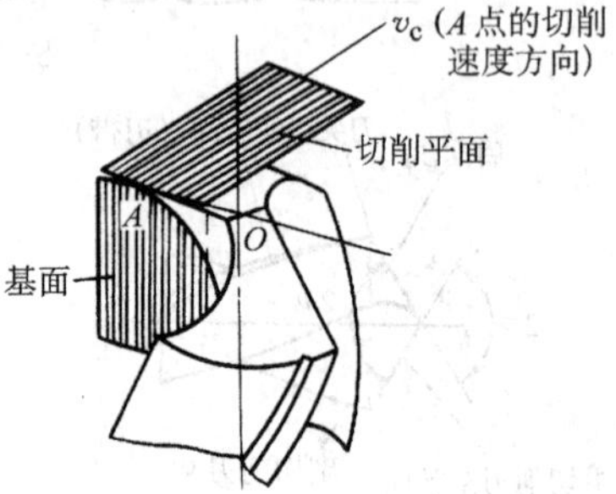

图 6-6　麻花钻的切削平面和基面

(1) 基面　钻孔时，如果忽略进给运动，那么钻头主切削刃上每一点都在绕钻头轴线作圆周运动，运动速度的方向是该点在圆的切线方向，如图 6-6 所示。故与切削刃上任一点的切削速度相垂直的平面都通过钻头轴线的平面，所以根据基面定义可知，钻头切削刃上任意点的基面是通过该点且包含钻头轴线的平面。由于切削刃上的各点切削速度方向不同，所以各点的基面位置也不同，如图 6-7 所示。

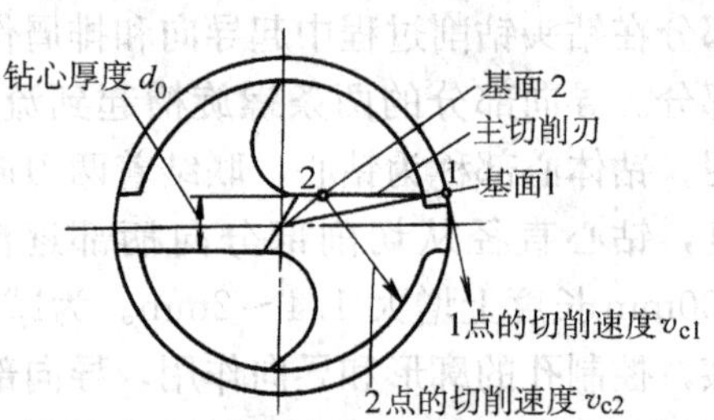

图 6-7　钻头切削刃上各点的切削速度和基面的改变

(2) 切削平面　同样地，根据切削平面的定义可知，由于切削刃上各点切削速度方向不同，切削平面的位置也不同。图6-6所示为钻头切削部分最外缘 A 点的基面与切削平面。

麻花钻切削刃上某点的切削平面与基面在空间互相垂直，但不同点的位置是变化的。

3. 麻花钻的几何参数

麻花钻的切削部分可看作正反的两把车刀，所以它的几何角度的概念跟车刀基本相同，但又具有其本身的特点。

（1）螺旋角　钻头刃带棱边是螺旋线，螺旋线与钻头轴线的夹角称为螺旋角 β，如图 6-8 所示。

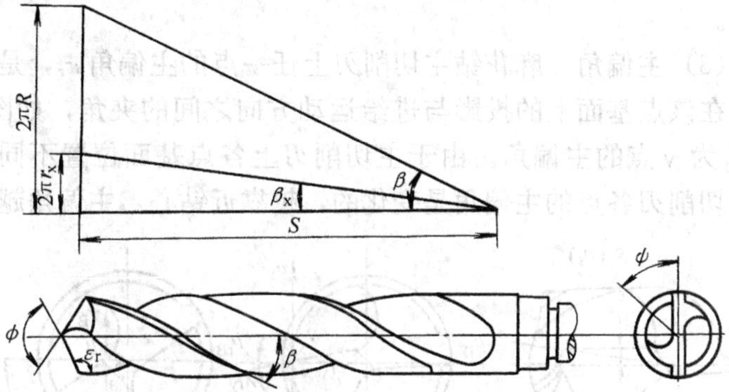

图 6-8　标准麻花钻的螺旋角

由图可得

$$\tan\beta=\frac{2\pi R}{S}$$

式中　R——钻头半径（mm）；

S——螺旋槽导程（mm）。

螺旋角的大小是由螺旋槽的导程和钻头直径决定的。由于螺旋槽上各点的导程相等，因此在麻花钻主切削刃上沿半径方向上各点的螺旋角是不相等的。从图 6-8 中可以看出，切削刃上任意点 x 的螺旋角为

$$\tan\beta_x=\frac{2\pi r_x}{S}=\frac{2\pi R}{S}\cdot\frac{r_x}{R}=\frac{r_x}{R}\tan\beta$$

式中　r_x——主切削刃上任意点的半径（mm）。

由上式可知，钻头外缘处的螺旋角最大，越靠近钻心处 β 越小。增大螺旋角可使前角增大，有利于排屑，且使切削轻快，但

同时也使钻头的刚性、强度削弱，散热条件差。标准麻花钻的螺旋角一般在 18°～30°，大直径钻头取大值。

（2）顶角　麻花钻的两条主切削刃在与它们平行的平面上投影的夹角称为顶角，用 2ϕ 表示（图 6-5c）。标准麻花钻的顶角 $2\phi=118°$，此时两主切削刃为直线；若刃磨获得的实际顶角小于 118°时，主切削刃呈外凸曲线；若大于 118°时，主切削刃呈内凹曲线。

（3）主偏角　麻花钻主切削刃上任一点的主偏角 κ_r，是主切削刃在该点基面上的投影与进给运动方向之间的夹角，如图 6-9 中 κ_{ry} 为 y 点的主偏角。由于主切削刃上各点基面位置不同，因此主切削刃各点的主偏角是变化的，越靠近钻心，主偏角越小。

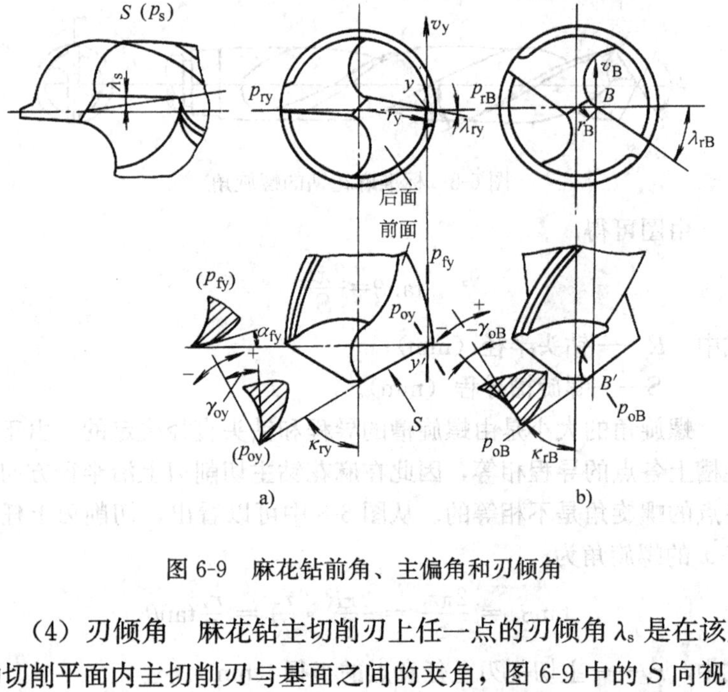

图 6-9　麻花钻前角、主偏角和刃倾角

（4）刃倾角　麻花钻主切削刃上任一点的刃倾角 λ_s 是在该点的切削平面内主切削刃与基面之间的夹角，图 6-9 中的 S 向视图中表示出主切削刃上最外缘处的刃倾角。因为主切削刃上各点基面与切削平面的位置均不相同，所以各点的刃倾角是变化的。

（5）前角　麻花钻主切削刃上任一点的前角 γ_o 是在该点的正交平面内前面与基面之间的夹角，如图 6-9 中 p_{oy} 剖面中 r_{oy} 为 y 点的前角。麻花钻主切削刃各点前角变化很大，钻头外缘处前角最大，约为 30°，自外缘向中心逐渐减小。接近横刃处为−30°。

（6）后角　为测量方便，钻头后角不在正交平面内度量。麻花钻主切削刃上任一点的后角 α 是在以钻心为轴线，以该点到钻心的距离为半径的圆柱面的切平面上测量的钻头后面与切削平面之间的夹角，如图 6-10 所示，α_A 为 A 点的后角。刃磨后面时，应沿主切削刃将后角从外缘到中心逐渐增大，以便适应变化的前角，使切削刃上各点的楔角保持一定数值，不致相差太大。而且中心处后角增大，不但可以改善横刃处的切削条件，还可以弥补由于进给运动使钻头工作后角减小的数值。

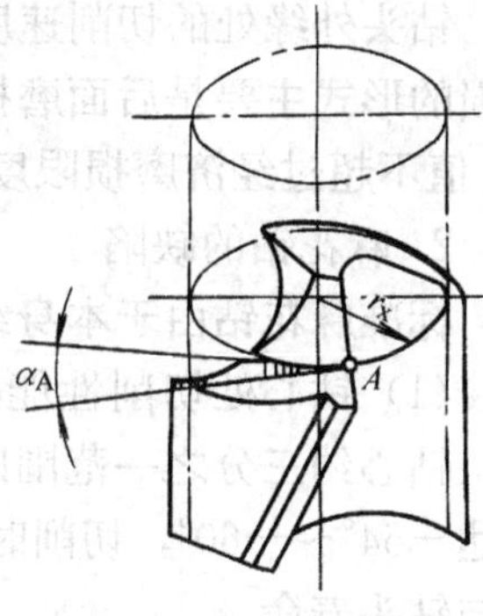

图 6-10　麻花钻后角

（7）横刃角度　横刃由两个后面相交而成，横刃角度包括横刃斜角 ψ，横刃前角 $\gamma_{o\psi}$ 和横刃后角 $\alpha_{o\psi}$ 如图 6-11 所示。横刃斜角 ψ 是在钻头端面投影中横刃与主切削刃之间的夹角，它是刃磨后面时自然形成的，一般 ψ=50°～55°。从图 6-11 中可以看出，横刃前角 $\gamma_{o\psi}$ 为负值，横刃后角 $\alpha_{o\psi}=90-|\gamma_{o\psi}|$。

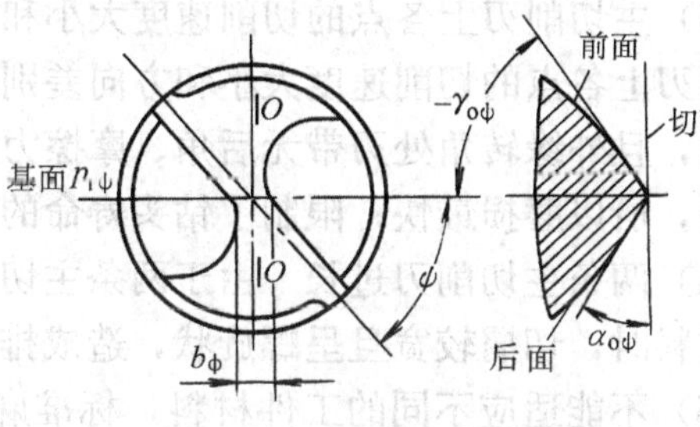

图 6-11　麻花钻的横刃角度

（8）副偏角与副后角　副偏角 κ_r' 是指由钻头导向部分的外径从切削部分向柄部减小而形成的，因倒锥量很小，故 κ_r' 值也极小。钻头的副后面是条刃带，由于切削速度方向和刃带的切线方向重合，故副后角 $\alpha_o'=0°$。

二、麻花钻的磨损与使用

1. 钻头磨损的特点

钻削是一种半封闭的切削方式，因此钻头工作时的散热条件极差，钻削过程中产生的切削热，使麻花钻头部的温度容易升高。并且由于机械摩擦的作用，钻头的前面、后面、刃带和横刃上都有不同程度的磨损。但因为钻头切削刃各点负荷是不均匀的，钻头外缘处的切削速度最高，所以此处的磨损最严重。钻头磨损的形式主要是后面磨损，确定钻头磨钝，一般限定后面磨损 VB 值不超过经济磨损限度。

2. 麻花钻的缺陷

标准麻花钻由于本身结构的原因，存在以下几种缺陷：

（1）钻心处切削性能很差　主切削刃上各点的前角变化很大，钻心约三分之一范围内前角都为负值，尤其在横刃处的前角可达$-54°\sim-60°$，切削时挤压严重，轴向抗力大，影响钻孔精度与钻头寿命。

（2）横刃太长　横刃太长使引钻时不易定心，钻头旋转轴线容易偏摆，从而造成钻孔精度低，刃带容易磨损。

（3）主切削刃上各点的切削速度大小和方向差别较大　由于主切削刃上各点的切削速度大小和方向差别较大，外缘处切削速度最高，且外缘转角处刃带无后角、摩擦力大，发热较多，散热条件差，所以磨损最快；限制了钻头寿命的提高。

（4）两条主切削刃过长　由于两条主切削刃较长，使得钻弹塑性材料时，切屑较宽且呈螺旋状，造成排屑和冷却都很困难。

（5）不能适应不同的工件材料　标准麻花钻的顶角为 118°，螺旋角为 30°，若钻硬材料时，顶角显得过小，而螺旋角显得过大；若钻薄板时，钻尖钻透后失去定心，孔的精度难以保证。

3. 麻花钻的修磨

针对标准麻花钻存在的缺陷，在不同的工作条件下使用时，常需对切削部分几何参数进行适当的修磨，以改善钻头的切削性能，保证加工质量，提高生产效率。常用修磨的方法有四种。

（1）修磨横刃　修磨横刃的目的是为了增大前角，缩短横刃长度，降低钻削力。常用的几种形式为：

1）磨短横刃，如图 6-12a 所示。可显著降低进给力。这种方法简单，见效大，直径在 12mm 以上的钻头一般可采用此法。

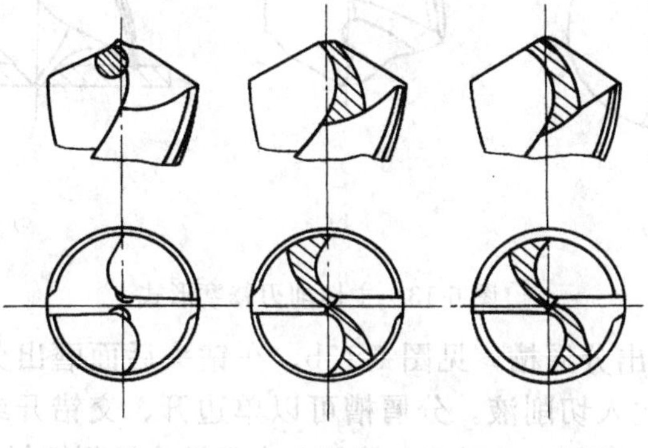

图 6-12　修磨横刃的形式

2）增大横刃前角，如图 6-12b 所示。横刃长度不变，将其平分为两半，分别磨出一定前角。这种方法可使横刃切削条件得到改善，但钻心强度有所减弱。

3）将钻尖磨出新的内直刃，如图 6-12c 所示。既缩短横刃长度又增大前角，同时加大钻尖处容屑空间，采用这种方法不仅有利于分屑，还能在显著降低钻削力的同时，保证钻尖强度。

（2）修磨主切削刃　修磨主切削刃是为了改善刃形或顶角，以增大前角，控制分屑与断屑；或改变切削负荷分布，以改善散热条件，延长钻头寿命。

1）磨出双重或三重顶角，或磨成外凸圆弧刃，见图 6-13a。经修磨后，钻头转角处的刀尖角增大，可改善散热条件，减小外缘转角处的磨损，延长钻头寿命。此种修磨方法适用于加工铸铁。

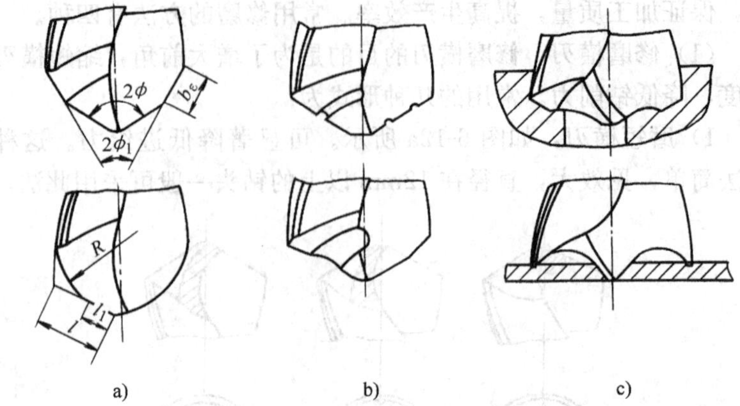

图 6-13　主切削刃修磨形式

2）磨出分屑槽，见图 6-13b。在钻头后面磨出分屑槽有利于排屑和注入切削液。分屑槽可以单边开、交错开或磨出阶梯刃。这种修磨方法适用于中等以上直径钻头钻削钢材。

3）磨出内凹的圆弧刃，见图 6-13c。将钻头的两主切削刃磨出内凹的圆弧刃，以加强钻头定心稳定性，有利于分屑断屑。这种修磨方法适用于钻削薄板或用于不规则的毛坯孔扩孔。

（3）修磨前面　修磨前面的目的主要是改变前角的不合理分布和前面的形式以满足加工不同材料的要求。

1）将主切削刃外缘处的前面磨去一部分，适当减小该处前角，如图 6-14a 所示，以保证足够强度并改善散热条件。这种修磨方法适用加工脆性材料，如黄铜。

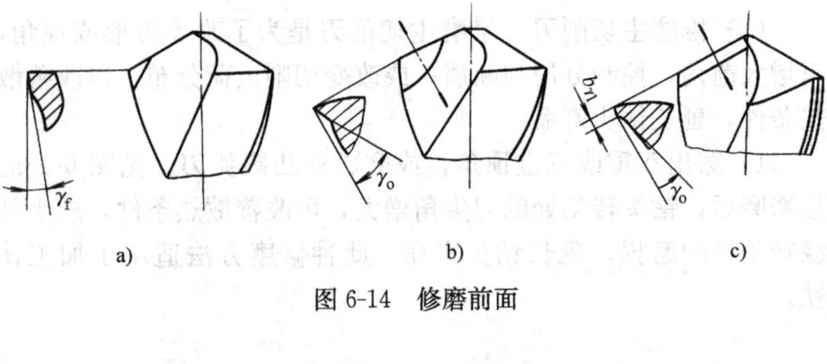

图 6-14　修磨前面

2）在前面上磨出卷屑槽，增大前角，如图 6-14b 所示，以减少切削变形，改善加工质量。这种修磨方法只适用于切削软材料，如有机玻璃。

3）沿切削刃磨出倒棱，如图 6-14c 所示，以增加刃口强度。这种修磨方法可用来加工强度大、硬度高的材料。

（4）修磨刃带　目的是缩短刃带宽度，磨出副后角，如图 6-15 所示，以减少刃带和孔壁摩擦，延长钻头寿命。这种方法适用于钻削孔径超过 12mm 无硬皮的韧性材料。

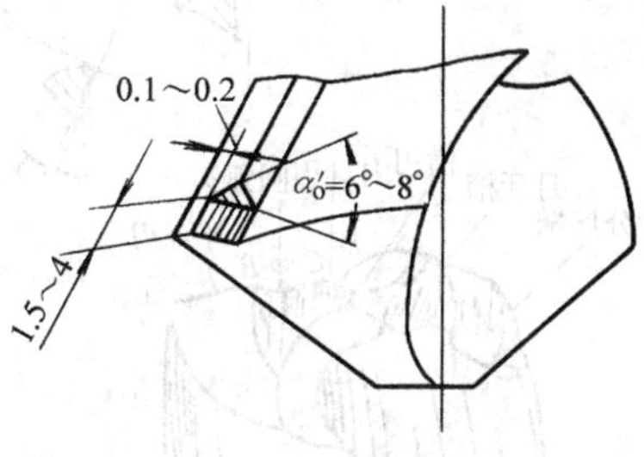

图 6-15　修磨刃带

4. 群钻

群钻是综合麻花钻的各种修磨方法，结合实践经验，对麻花钻进行合理修磨而得到的一种性能优良的先进钻头。群钻有许多种，以加工钢材的基本型群钻应用最广，其他形式则是在此基础上根据加工材料和工艺要求等加以变化的。

（1）基本型群钻的刃磨方法　如图 6-16 所示，基本型群钻是用标准麻花钻修磨而成的。修磨的方法是：首先在外缘刃磨出较大顶角的两条外直刃；然后在两个后面上对称地磨出月牙圆弧分屑槽，形成内凹的圆弧刃；最后修磨横刃，使之变短、变尖、变低，以形成两条内直刃与很短的横刃；直径较大的钻头在一侧外直刃后面上还要磨出分屑槽。群钻共有七条主切削刃，外形上呈现三个钻尖。因此，群钻的刃形特点是：三尖七刃锐当先，月牙弧槽分两边，一侧外刃开屑槽，横刃磨低窄又尖。

（2）群钻的优点　由于群钻切削部分的特殊结构，因此与普通麻花钻比较，群钻有很多优点：

1）横刃及其附近的主切削刃上各段前角都有不同程度的增大。内凹的圆弧刃处前角平均增大 10°；修磨横刃使内直刃处的前角平均增大 25°，且横刃高度降低，长度缩短，从而大大改善

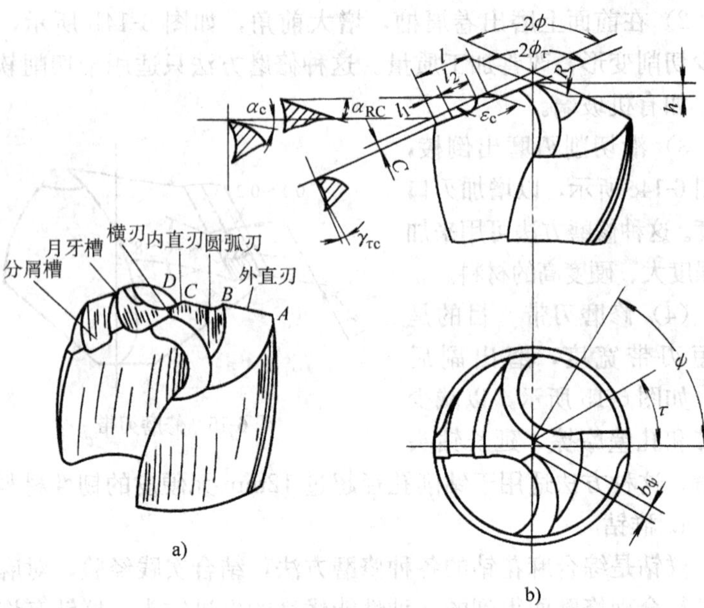

图 6-16　群钻

了切削条件，使钻削轻快，加工钢料时，轴向抗力可下降35%～50%，转矩下降 10%～30%。

2）磨出月牙形圆弧槽，形成三个呈“W”状的刀尖，这种结构钻削时定心好，钻头不易偏摆，钻孔精度得到提高。

3）圆弧刃与外直刃连接点处由于刃形转折，不仅起到分屑作用，而且断屑可靠；大直径钻头外直刃又磨出分屑槽，从而改善了排屑与断屑性能，也使切削液易于流到切削区域，有利于润滑和冷却。

4）圆弧刃使外刃和内刃的参数得以分别控制。横刃经过修磨虽变窄变尖，但钻尖强度并没被削弱。

第三节　镗　　刀

镗刀是在镗床、车床、铣床和自动机床等机床上使用的孔加工刀具。镗床的加工范围很广，可以对不同直径的孔进行粗、精加工，特别是加工大直径的孔，镗刀几乎是唯一的刀具。一般镗孔加工，精度范围为 IT11～IT7 级，表面粗糙度值为Ra6.3～0.8μm。若在高精度镗床上进行高速精镗，可达到更高的要求。镗刀的种类很多，按结构特点和使用方式，可分为单刃镗刀、双刃镗刀和浮动镗刀。

一、单刃镗刀

单刃镗刀只有一个切削刃，结构简单，制造方便，适用于孔的粗、精加工，切削效率较低，对工人操作技术要求较高。加工小直径孔的镗刀常做成整体式，加工大直径孔的镗刀可做成机夹式，机夹式镗刀的镗杆可重复使用。单刃镗刀可分为普通单刃镗刀和单刃微调镗刀两种。

1. 普通单刃镗刀

图 6-17 所示，为普通机夹式单刃镗刀。镗刀头通常做成方形或圆形两种。方形镗刀头比圆形镗刀头的生产率高，使用也较方便，而且它的强度与刚度也较高，故在生产中多采用方形镗刀

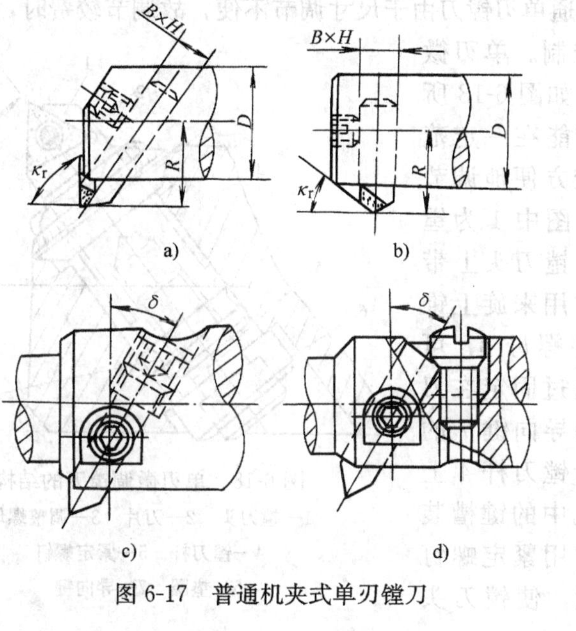

图 6-17 普通机夹式单刃镗刀

头。镗刀头在镗杆上的夹持方式有很多种，为使镗刀头在镗杆内有较大的安装长度，并且有足够的位置安置压紧螺钉和调节螺钉，在镗不通孔和阶梯孔时，镗刀头在镗杆内应倾斜安装，倾斜角 δ 一般取 10°～45°；镗通孔时，镗刀头垂直镗杆轴线安装，即取 $\delta=0°$，镗刀头的切削部分可以是镶焊的或机械夹固的硬质合金刀片，也可用高速钢整体制造。

单刃镗刀的刚性较差，切削时易引起振动。为避免振动，一般从以下几方面采取措施：首先镗杆不易太长太细，尤其是悬臂工作的镗刀。其次镗刀的主偏角应选择较大值，以减小径向切削力 F_p，通常选用 $\kappa_r=60°\sim90°$，粗镗钢件孔时，取 $\kappa_r=60°\sim75°$，粗镗铸铁件孔或精镗时，取 $\kappa_r=90°$。另外，镗杆上装刀孔通常对称于镗杆轴线，因而镗刀头装入刀孔后，刀尖高于工件中心，造成实际工作前角减小，工作后角增大，所以在选择镗刀的前、后角时要相应增大前角，减小后角。

2. 单刃微调镗刀

普通单刃镗刀由于尺寸调节不便，故调节较费时，调节精度不易控制。单刃微调镗刀如图 6-18 所示，它能在一定范围内较方便地调节尺寸。图中 1 为镗刀头，镗刀头上带有螺纹用来旋上锥形调整螺母 3，可一起通过固定在刀头上的导向键 7 的引导沿镗刀杆 4 上装刀孔中的键槽装入，并用紧定螺钉 5 拉紧，使镗刀头

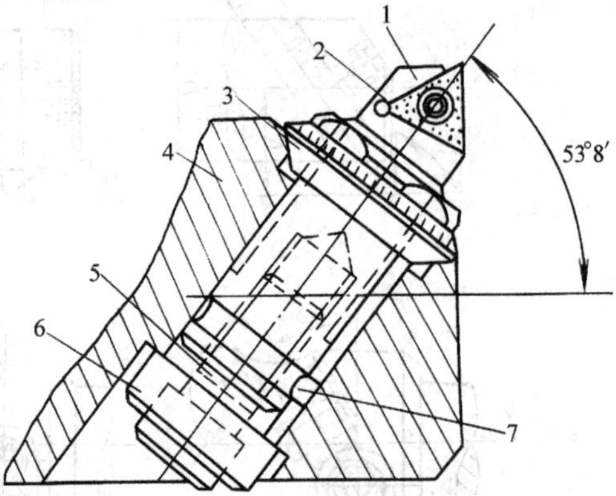

图 6-18　单刃微调镗刀的结构

1—镗刀头　2—刀片　3—调整螺母

4—镗刀杆　5—紧定螺钉

6—垫圈　7—导向键

得到固定。调节时，稍微松开紧定螺钉 5，转动带刻度的调整螺母 3 使镗刀头调整到预定尺寸，然后旋紧紧定螺钉 5。调整螺母的螺距为 0.5mm，调整螺母的刻度分为 40 格或 80 格两种，每转动一格，镗刀头沿工件径向的移动量为 0.01mm 或 0.005mm。单刃微调镗刀有多种规格，加工孔径范围为 $\phi20 \sim \phi180$mm。它具有结构简单，制造容易、调节方便、调节精度高等优点，广泛应用于坐标镗和数控机床及自动线上。

二、双刃镗刀

双刃镗刀的特点是具有两个对称分布的切削刃，切削时可以消除由于背向力 F_p 对镗杆的作用而产生的加工误差，从而提高镗孔精度。图 6-19a 所示为焊接式硬质合金镗刀块，也可制成高速钢整体式或可转位式硬质合金镗刀块。如图 6-19b、c 所示，工作时镗刀块可通过楔或在两个方向上都倾斜的螺钉夹紧在镗杆上，故又称作固定式镗刀块。由于镗刀块的尺寸误差及安装误差均会直接影响镗孔精度，所以对镗刀块及镗杆的制造要求较高。镗刀块与镗杆上方孔的配合公差为 H7/h6 或 H7/g6，方孔对轴线的垂直度与对称度误差不大于 0.01mm。

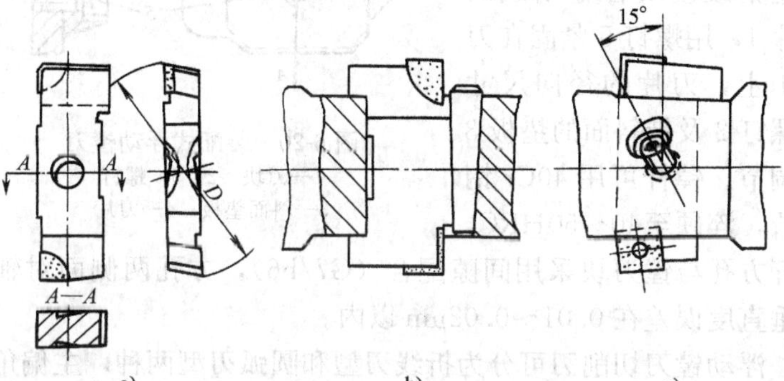

a)　　b)　　c)

图 6-19　固定式镗刀块及其安装

固定式镗刀块的刚性好，容屑空间大，可采用较大的进给量，切削效率较高，常用来粗镗或半精镗直径大于 40mm 的孔，特别适用于同轴孔系或较深单孔加工。

三、浮动镗刀

浮动镗刀也是一种双刃镗刀，只是镗孔时，浮动镗刀块装入镗杆的方孔中，不需固定，通过作用在它两切削刃上的背向力来自动平衡其切削位置以补偿由于刀具安装误差和机床主轴的回转误差所造成的加工误差，因而能获得较高的加工精度（一般可达IT6～IT7 级），较小的表面粗糙度值（一般可达 Ra0.8～0.4μm），适用于孔的终加工。但浮动镗不能纠正孔轴线直线度误差和孔的位置误差，因此对预加工孔的精度有一定要求，孔轴线的直线度要符合要求，表面粗糙度值不大于 Ra3.2μm。

浮动镗刀通常都做成可调节式的，切削部分常用镶焊的或机夹可转位硬质合金刀片，如图 6-20 所示为装配式浮动镗刀。用高速钢或硬质合金制成的刀片 4，用螺钉 5 紧固在刀块 1 上，刀片的径向尺寸由螺钉 2 及带斜面的垫板 3 来调节。镗杆可用 40Cr 钢制造，淬硬至40～50HRC，镗杆方孔与镗刀块采用间隙配合（G7/h6），方孔两侧面对轴线的垂直度误差在 0.01～0.02μm 以内。

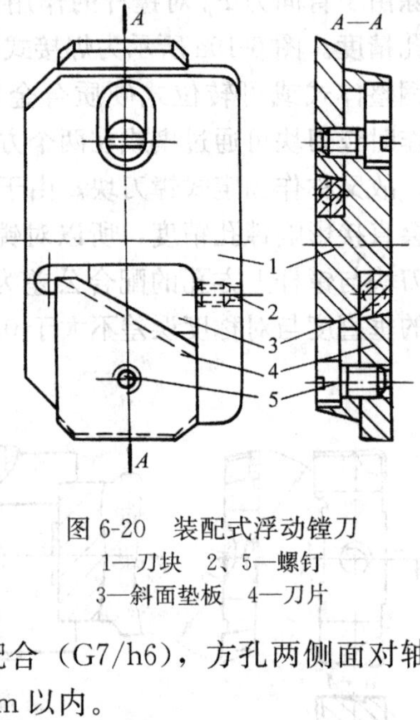

图 6-20　装配式浮动镗刀
1—刀块　2、5—螺钉
3—斜面垫板　4—刀片

浮动镗刀切削刃可分为折线刃型和圆弧刃型两种，主偏角 κ_r 取得很小，通常为 $\kappa_r = 1°30' \sim 2°30'$。镗杆上安装刀块的方孔一般是对称开的，在镗刀工作时，由于主切削刃比工件中心高，而使得实际工作前角减小，工作后角增大。前角减小，造成切削韧性材料时切削条件较差，后角过大，易引起振动。所以在选择前后角时，必须考虑工作前后角的变化值。一般加工钢料时，取 $\gamma_o=6°\sim8°$，$\alpha_o=6°\sim8°$；加工铸铁时，取 $\gamma_o=0°$，$\alpha_o=1°\sim2°$。浮动镗刀的切削用量不高，为保证加工质量，镗削时应供给充分的切削液。

第四节 铰 刀

铰刀用于中小直径孔的半精加工或精加工。它可用手操作或在车床、钻床、镗床等机床上使用。铰刀的加工余量小，齿较多，刚性和导向性好，所以铰孔的加工精度较高，一般可达 IT6～IT7 级，甚至 IT5 级。表面粗糙度值为 $Ra1.6\sim0.4\mu m$。

一、铰刀的种类

铰刀的种类很多，如图 6-21 所示。按使用方式不同可分手用铰刀和机用铰刀；按铰刀切削部分的材料不同，可分为高速钢铰刀、硬质合金铰刀（图 6-21c）、人造金刚石铰刀及立方氮化硼铰刀；按用途不同，可分为圆柱孔铰刀和圆锥孔铰刀；按柄部或夹持形式不同，可分为直柄铰刀（图 6-21a）、锥柄铰刀（图 6-21b）和套式铰刀（图 6-21f）；按加工尺寸可否调节分为整体

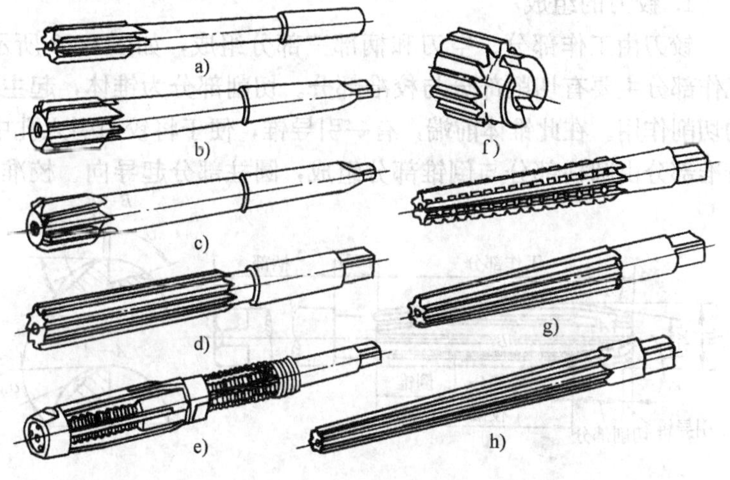

图 6-21 铰刀基本类型

式铰刀和可调节式铰刀。

图 6-21d 为整体式手用铰刀，直柄方头，结构简单，用手操作，使用方便。但磨损后尺寸不能调节，故使用寿命短。在修配及单件生产中，常使用可调节式手用铰刀，如图 6-21e 所示。铰刀刀片装在刀体斜槽内，靠两端有内斜面的螺母夹紧。通过调节两端的螺母带动刀片顺刀体斜槽移动使铰刀径向尺寸有微量增减，以满足铰刀尺寸调节的需要。

机用铰刀有带柄机用铰刀和套式机用铰刀。带柄机用铰刀随尺寸不同，柄部有直柄和锥柄两种。一般直径小于 20mm 时做成直柄，见图 6-21b；直径 d 为 25～50mm 时做成锥柄，见图 6-21f。机用铰刀多数用高速钢、硬质合金等材料制造。

锥孔铰刀也有机用与手用之分，机用的为锥柄，手用的为直柄方头。图 6-21g 为莫氏锥孔铰刀，共有 7 种规格，分别适用于 0～6 号莫氏锥孔。由于切削余量较大，常分为粗加工和精加工两把铰刀，在刀齿上开有分屑槽的为粗铰刀，直线刀齿为精铰刀。图 6-21h 为专门铰削 1∶50 圆锥销子锥孔的铰刀。

二、铰刀的结构

1. 铰刀的组成

铰刀由工作部分、空刀和柄部三部分组成，如图 6-22 所示。工作部分主要有切削部分与校准部分。切削部分为锥体，起主要的切削作用。在此锥体前端，有一引导锥，便于将铰刀引入孔中。校准部分由圆柱部分与倒锥部分组成，圆柱部分起导向、校准和

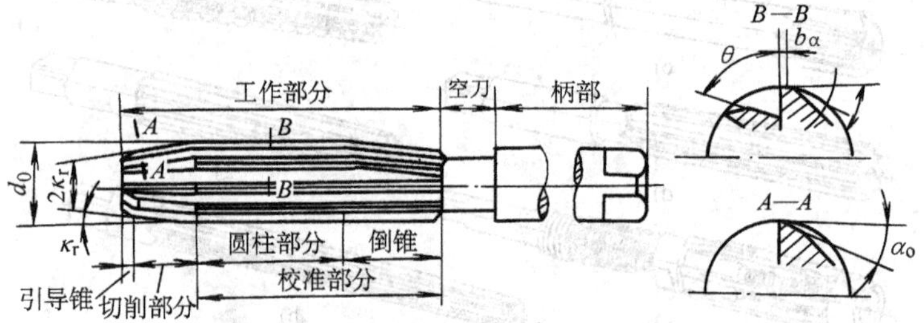

图 6-22 铰刀的结构

修光作用，倒锥部起减少摩擦并防止铰刀将孔径扩大的作用。

2. 铰刀的齿数

铰刀的加工余量小，容屑槽浅，所以齿数可以做得较多。齿数多，则铰刀的导向性好，每齿的切削厚度小，可减小表面粗糙度值和提高尺寸精度。但齿数过多会降低刀齿强度和减小容屑空间。通常在保证刀齿强度和容屑空间足够的条件下，选择较多齿数。故铰刀直径越大，齿数越多。为便于测量铰刀直径，齿数一般取为偶数。

铰刀刀齿在圆周上可采用等齿距分布，如图 6-23a 所示。等齿距分布的铰刀制造简单，但在铰削时，刀齿可能会遇到粘附于孔壁上的切屑或被加工材料组织不均匀，切削力发生变化，铰刀失去平衡产生振动，致使孔壁上出现纵向刀痕，影响表面粗糙度。采用不等齿距分布（图 6-23b）可避免这一现象，但不等齿距分布的铰刀制造比较复杂些。为便于制造和测量常采用对顶齿间角相等的不等齿距分布。目前机用铰刀一般采用等齿距分布，手用铰刀大多数采用不等齿距分布。

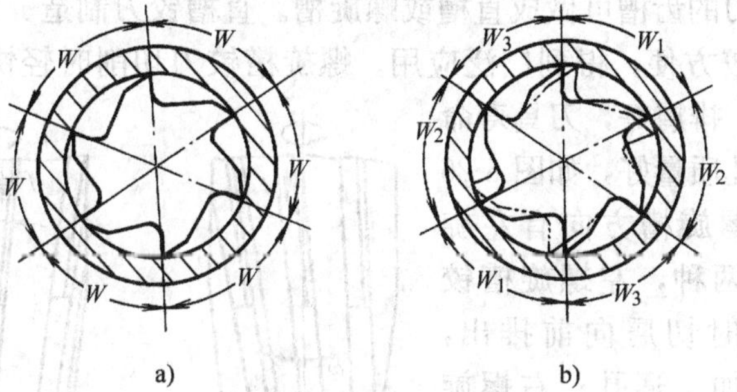

图 6-23　刀齿分布形式

a）等齿距分布　b）不等齿距分布

3. 齿槽的形状和方向

铰刀的齿槽形状通常有直线齿背、圆弧齿背、折线齿背等三种，如图 6-24 所示。直线齿背形状简单，制造方便，整体机用铰刀和手用铰刀多数采用这种齿背。圆弧齿背的容屑空间较大，

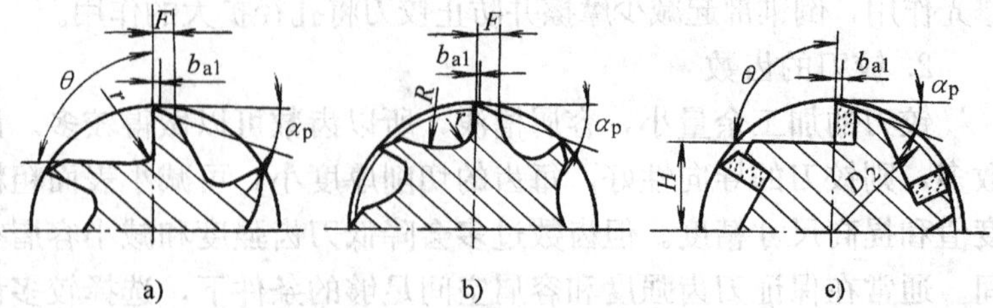

图 6-24　铰刀齿槽形状

a）直线齿背　b）圆弧齿背　c）折线齿背

通常铰刀直径大于 20mm 时多制成这种齿背。圆弧 R 一般取 15mm、20mm 及 25mm 三种。折线齿背能保证刀齿足够强度，常用于硬质合金铰刀。当铰刀直径小于 3mm 时，其齿槽形状特殊，一般都把刀齿制成半圆形、三角形或五角形，以增强刀齿强度和导向性能，如图 6-25 所示。

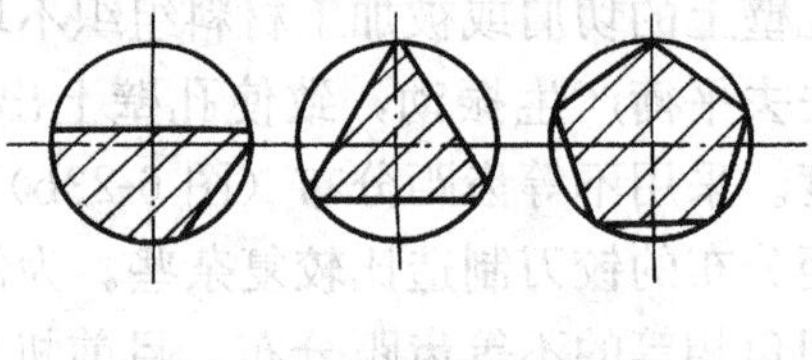

图 6-25　小直径铰刀齿形

铰刀的齿槽可做成直槽或螺旋槽。直槽铰刀制造、刃磨和检验都比较方便，得到广泛应用。螺旋槽铰刀切削时轻快、平稳、振动少，排屑好，刀具寿命长，铰孔质量好，如图 6-26 所示。螺旋槽方向有左旋和右旋两种，左螺旋槽铰刀切削时切屑向前排出，适用于加工通孔；右螺旋槽铰刀切削时切屑向后排出，适用于加工不通孔。

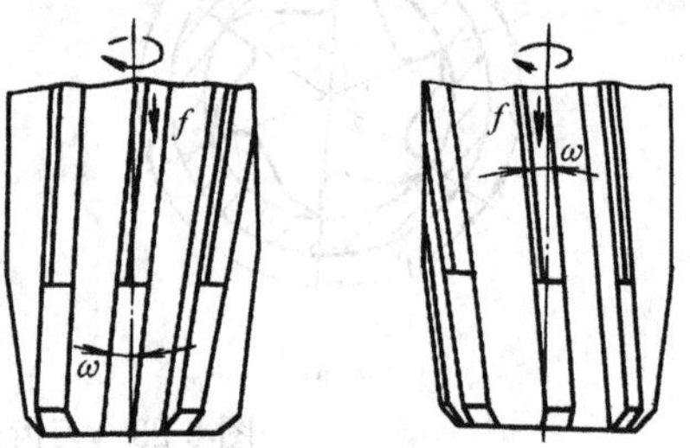

图 6-26　铰刀螺旋槽方向

三、铰刀的研磨

铰削后孔径是扩张还是收缩，或是扩张量和收缩量无法确定时，可将铰刀直径预先做大一点，通过试切实测确定铰刀直径公差后，再研磨铰刀。此外，磨损的铰刀通过研磨可以改制为用于铰制其他配合精度的孔。还有些铰刀在制造时留有研磨量，需经过研磨后才能达到要求的铰孔精度。铰刀的研磨量一般很小，约为 0.01mm 左右。

铰刀的研磨，可用铸铁研磨圈沿校准部分刃带进行，如图 6-27 所示。研磨时铰刀装在车床两顶尖间由车床主轴带动作低速转动，研磨圈沿铰刀轴线均匀移动。研磨圈用三个调节螺钉支撑在外套的孔内，研磨圈上铣有开口斜槽，调节螺钉使研磨圈产生弹性变形与铰刀圆柱刃带轻微接触。研磨时，在接触面间加少量研磨膏。

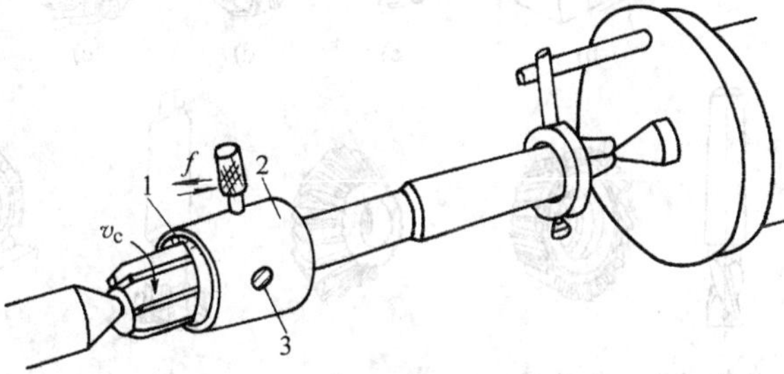

图 6-27 铰刀的研磨

1—研磨套 2—外套 3—调节螺钉

第五节 铣 刀

铣刀是一种应用很广泛的多齿多刃回转刀具，它适用于加工平面、沟槽、成形表面及切断等。铣削加工时，铣刀绕其自身轴线高速回转，工件作进给运动。铣刀同时参加切削的齿数较多，切削速度较高，所以铣削生产率较高。由于铣刀属多齿刀具又进行断续切削，切入切出时冲击较大，故铣削常用于粗加工和半精加工。

一、铣刀的类型

铣刀的种类很多，一般按用途分类，也可按齿背形状分类，或按刀齿数目分类。

1. 按铣刀的用途分类

按铣刀的用途分类，可分为加工平面的铣刀、加工沟槽和台阶面的铣刀、加工成形面的铣刀。

（1）加工平面的铣刀　加工平面铣刀又可分为圆柱铣刀和面铣刀等。

圆柱铣刀如图 6-28a 所示，圆柱铣刀用于在卧式铣床上加工平面。主要用高速钢制造，也可镶焊硬质合金刀片。圆柱铣刀采用螺旋形刀齿，可提高切削工作的平稳性。

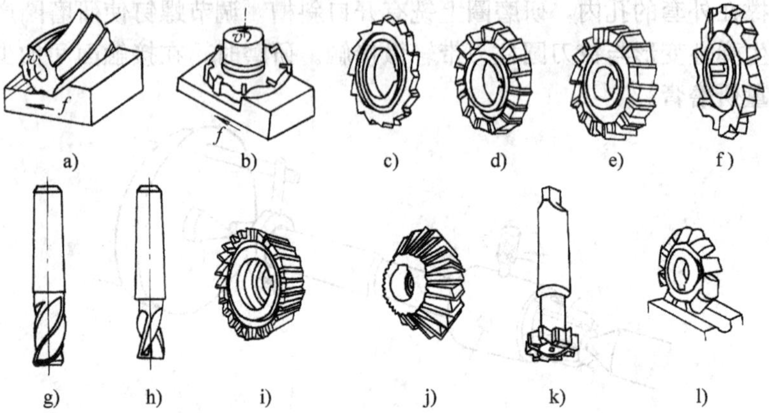

图 6-28　铣刀的类型

a）圆柱铣刀　b）面铣刀　c）槽铣刀　d）两面刃铣刀　e）三面刃铣刀　f）错齿三面刃铣刀　g）立铣刀　h）键槽铣刀　i）单角度铣刀　j）双角度铣刀　k）T 形槽铣刀　l）成形铣刀

面铣刀如图 6-28b 所示，面铣刀用于在立式铣床上加工平面，有整体式和镶焊式两类。面铣刀的主切削刃分布在圆柱或圆锥面上，端部的切削刃为副切削刃，刀齿采用硬质合金制成，生产效率高，加工表面质量较好。

（2）加工沟槽和台阶面的铣刀　如图 6-28c～k 所示，根据加工的沟槽形状不同，有槽铣刀、立铣刀、T 形槽铣刀及键槽铣刀等。

（3）加工成形面的铣刀　如图 6-28l 所示，成形铣刀用于加工成形表面，其刀齿廓形要根据被加工工件的廓形来确定。

2. 按铣刀的齿背形式分类

按铣刀的齿背形式分类，可分为尖齿铣刀和铲齿铣刀两类。

（1）尖齿铣刀　尖齿铣刀的特点是齿背经铣削而成，后面大多数是简单的平面，刀齿是尖状的，铣刀用钝后可重磨后面。尖齿铣刀是铣刀中的一大类，图 6-28a～k 均为尖齿铣刀。

（2）铲齿铣刀　铲齿铣刀的特点是齿背经铲制而成，铣刀用钝后重磨前面。经铲制的后面可保证铣刀重磨后刃形不变，因此适用于切削刀廓形较复杂的铣刀，如图 6-28l 所示的成形铣刀。

3. 按刀齿数目分类

（1）粗齿铣刀　粗齿铣刀刀齿数目较少，刀齿强度高，容屑空间大，适用于粗加工。

（2）细齿铣刀　细齿铣刀与粗齿铣刀相反，在与粗齿铣刀直径相同的情况下，刀齿数目比粗齿铣刀刀齿数目多。刀齿数目增多，单个刀齿的强度就降低了，且容屑空间也减小了，所以适用于半精加工和精加工。

除此之外，铣刀还可以按装夹形式分为带柄的和带孔的，按结构特点可分为整体铣刀、整体焊齿铣刀和镶齿铣刀等。

二、铣刀的几何角度

铣刀的类型虽多，但以圆柱铣刀和面铣刀为基本形式。铣刀虽是多齿多刃刀具，但各刀齿形状相同，相当于一把普通车刀，所以铣刀几何角度的定义可参考车削中规定。

1. 辅助测量平面

铣刀的辅助测量平面如图 6-29 所示，有基面、切削平面、正交平面和法平面等。

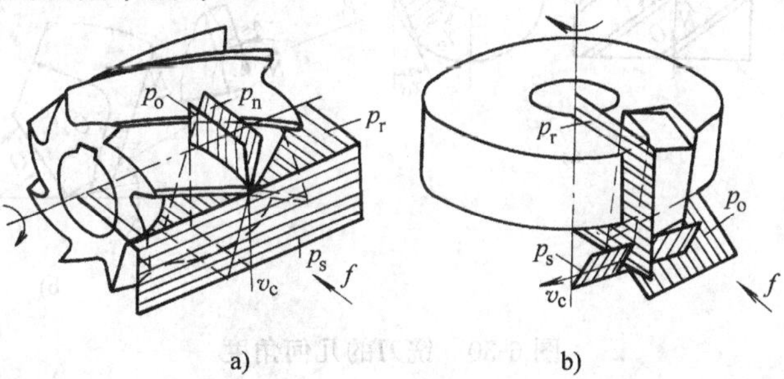

图 6-29　辅助测量平面

(1) 基面 p_r 对于铣刀而言，基面就是通过切削刃上任一点，且包含铣刀轴线的平面。

(2) 切削平面 p_s 通过铣刀切削刃上任一点，并切于该点加工表面的平面。

(3) 正交平面 p_o 圆柱铣刀的正交平面是通过切削刃上任一点与轴线垂直的端剖面；面铣刀的正交平面垂直于切削刃在选定点上的基面上的投影。

(4) 法平面 p_n 过切削刃上任一点垂直于切削刃的平面。

2. 几何角度

(1) 前角 前角 γ_o 是在铣刀的正交平面 p_o 中测量的前面与基面之间的夹角，如图 6-30 所示。为了便于制造，对于螺旋齿圆柱铣刀规定用法前角 γ_n 为其标注角度。但在检验时，通常测量正交平面内前角 γ_o。γ_n 与 γ_o 的换算关系为

$$\tan\gamma_n = \tan\gamma_o \cdot \cos\beta$$

式中 β——铣刀的螺旋角。

对于圆柱铣刀，其螺旋角 β 就是刃倾角 λ_s。

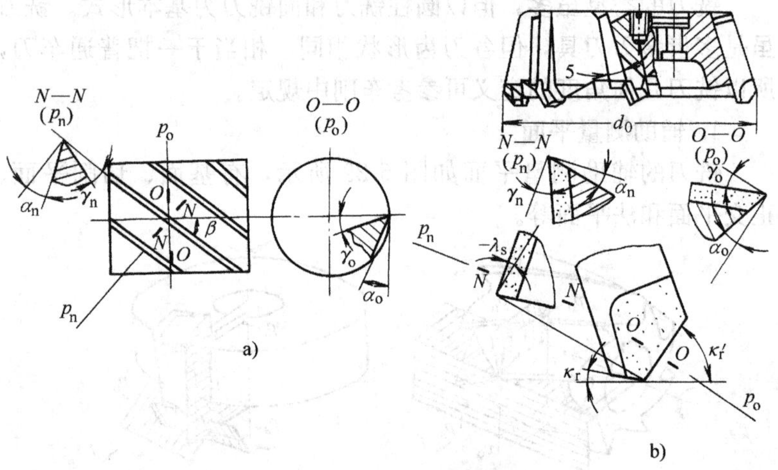

图 6-30 铣刀的几何角度

a) 圆柱铣刀 b) 面铣刀

对于面铣刀，因为它每个刀齿都与车刀类似，因此规定用正交平面的前角 γ_o 为标注角度，如图 6-30b 中 $O—O$ 剖面所示。

由于铣削存在冲击，在选择铣刀前角时，一般要小于车刀前角，以提高铣刀切削刃的强度。选择原则是根据工件材料和刀具材料选择。一般圆柱铣刀铣切钢时取 $\gamma_n=10°\sim20°$；铣削铸铁时，取 $\gamma_n=5°\sim15°$。用硬质合金面铣刀铣削钢时，取$\gamma_o=-10°\sim5°$；铣削铸铁时，取 $\gamma_o=-5°\sim5°$。当工件材料较软时取大值，较硬时取小值。

（2）后角　铣刀的后角 α_o 规定在正交平面内度量后面与切削平面之间的夹角。铣削时，铣刀的磨损主要发生在后面上，为减少后面磨损，延长铣刀寿命，应选择较大的后角 α_o。圆柱铣刀的后角一般为 12°～16°，硬质合金面铣刀后角一般为6～12°。粗加工时取小值，精加工时取大值。

（3）主偏角和副偏角　圆柱铣刀的主偏角 $\kappa_r=90°$，因无副切削刃，所以无副偏角。面铣刀的主偏角 κ_r 及副偏角 κ_r' 根据工件材料不同，取不同的值。铣削钢材时，$\kappa_r=60°\sim75°$，$\kappa_r'=0°\sim5°$，铣削铸铁时，$\kappa_r=45°\sim60°$，$\kappa_r'=0°\sim5°$。

（4）刃倾角　铣刀的刃倾角 λ_s 是在切削平面内度量的主切削刃与基面之间的夹角。对于螺旋圆柱铣刀而言，刀齿的螺旋角就是刃倾角。由于刀齿有螺旋角，因而在切削时，铣刀切削刃是逐渐切入和切离工件的，可使铣削过程减少冲击，保持平稳，且排屑也较顺利。一般圆柱铣刀，取 $\lambda_s=25°\sim45°$。粗加工取大值，精加工取小值。

对于硬质合金面铣刀的刃倾角，由于铣削时冲击较大，为增强刀尖强度以保护刀尖部分，刃倾角常取负值。一般地，铣削钢或铸铁时，取 $\lambda_s=-5°\sim-15°$；当铣削强度较低的材料时，才选用正的刃倾角、但角度也不宜大，一般地取 $\lambda_s=5°$。

第六节　丝锥与板牙

丝锥与板牙是加工各种中、小尺寸内外螺纹的标准刀具，结构简单、使用方便，既可手工操作，也可以在机床上使用，但加工精度较低。

一、丝锥的种类

丝锥的种类很多，在生产中应用非常广泛。常见的有手用丝锥、机用丝锥、螺母丝锥、板牙丝锥、锥形螺纹丝锥、管螺纹丝锥和梯形螺纹丝锥等，如图 6-31 所示。

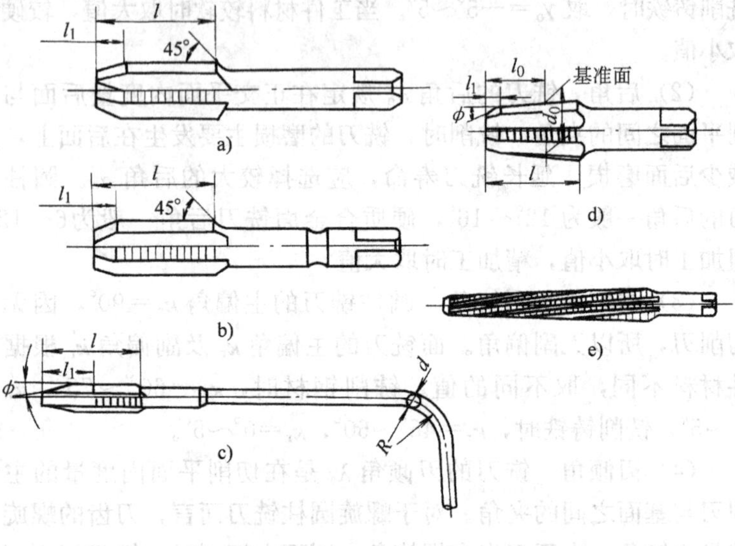

图 6-31　丝锥的种类

二、丝锥的结构与几何参数

1. 丝锥的结构

尽管丝锥的种类很多，但结构基本上是相同的。丝锥的基本结构是一个轴向开槽的外螺纹。图 6-32 所示为最常用的普通螺纹丝锥，它由工作部分和柄部所组成。工作部分由刀齿、容屑槽、心部等组成，可分为切削部分和校准部分；柄部包括颈部与尾部。

（1）切削部分　丝锥的切削部分是一个锥角为 2ϕ 的切削锥，齿形高度不完整，后一刀齿比前一刀齿高，当丝锥作螺旋运动

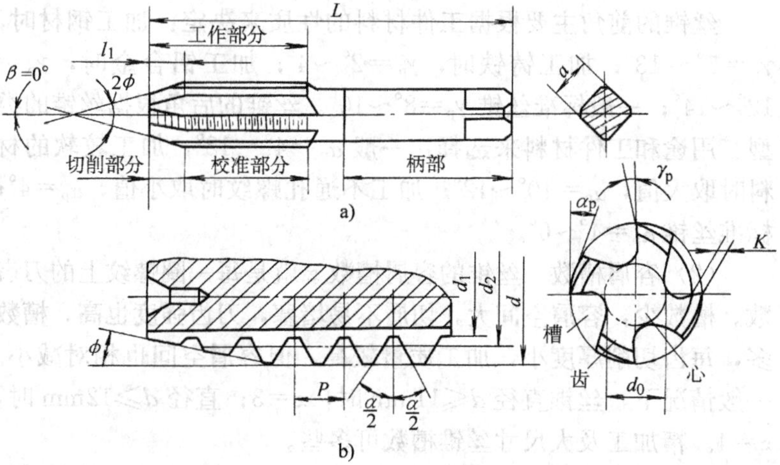

图 6-32　丝锥的结构

时，每一个刀齿都切下一层金属，使切削负荷能较均匀地分配到几个刀齿上。丝锥主要的切削工作是由切削部分负担的。

（2）校准部分　校准部分具有完整的齿形，在丝锥工作时起修光螺纹廓形、控制螺纹尺寸并引导丝锥沿轴向运动的作用。

（3）柄部　柄部是用来传递转矩的。手用丝锥的柄部为方尾圆柄，方尾供用手操作时安放扳手用。机用丝锥的柄部除方尾圆柄外，还开有环形槽，如图 6-31b 所示，方尾供与机床连接，环形槽可防止丝锥从夹头中脱落。

2. 丝锥的几何参数

丝锥的几何参数包括螺纹参数与切削参数两部分。螺纹参数如大径 d、中径 d_2、小径 d_1、螺距 P、牙型角 α 等，应根据被加工螺纹的规格来选取。切削参数如锥角 $2\kappa_r$、端剖面前角 γ_p、后角 α_p、槽数 z 等，应根据被加工螺纹的精度、尺寸选择。丝锥的主要结构参数为：

（1）前角和后角　丝锥轴向开槽以容纳切屑，同时形成前角，切削锥顶刃与齿形侧刃经铲磨形成后角。丝锥的前角和后角均在端剖面内测量。丝锥的前面可以是平面的，也可以是曲面的。

丝锥的前角主要根据工件材料的性质来决定：加工钢材时，$\gamma_p=5°\sim13°$；加工铸铁时，$\gamma_p=2°\sim4°$；加工铝合金时，$\gamma_p=12°\sim14°$；一般标准丝锥 $\gamma_p=8°\sim10°$。丝锥的后角根据丝锥的类型、用途和工件材料来选择：一般 $\alpha_p=4°\sim12°$，加工较软的材料时取大值，$\alpha_p=10°\sim12°$；加工不通孔螺纹时取小值，$\alpha_p=4°$；标准丝锥 $\alpha_p=4°\sim6°$。

（2）容屑槽数　丝锥的容屑槽数 z 就是每一圈螺纹上的刀齿数。槽数少，容屑空间大，切屑不易堵塞，刀齿强度也高，槽数多，每齿切削厚度小，加工质量较高，但容屑空间也相对减小。一般情况下，丝锥直径 $d\leqslant11$mm 时，$z=3$；直径 $d\geqslant12$mm 时，$z=4$。精加工及大尺寸丝锥槽数可多些。

（3）容屑槽形状　丝锥的容屑槽形状应考虑合适的前角，足够的容屑空间和强度，排屑方便，丝锥倒旋退出时刀背处不会刮伤已加工表面，且切屑不会阻塞在工件和丝锥之间。丝锥的槽形通常有三种：

1）由一圆弧槽构成，如图 6-33a 所示。

2）由两直线和圆弧构成，如图 6-33b 所示。

3）由一直线和两圆弧构成，如图 6-33c 所示。这种槽形基本能满足对容屑槽形状的要求，是一种较为理想的槽形。

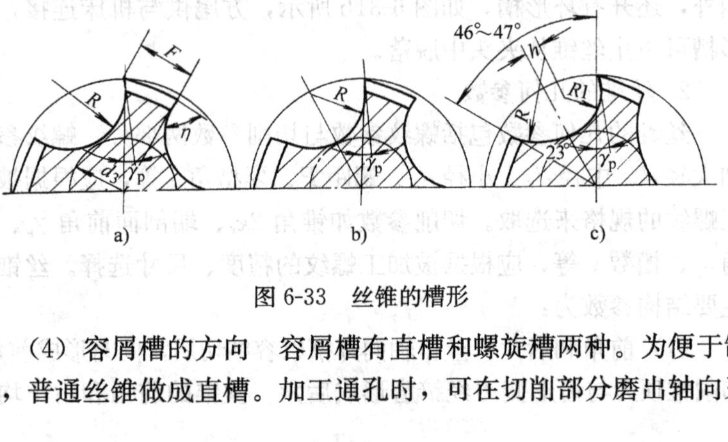

图 6-33　丝锥的槽形

（4）容屑槽的方向　容屑槽有直槽和螺旋槽两种。为便于制造，普通丝锥做成直槽。加工通孔时，可在切削部分磨出轴向刃倾角，使切屑向孔底排出，如图 6-34c 所示。如果为了改善排屑情况，可选用螺旋槽。加工通孔右旋螺纹时，应选左旋槽，使切屑向孔底排出，不致于损伤已加工表面，如图 6-34a 所示；加工不通孔右旋螺纹时，应选右旋槽，使切屑从孔口排出，避免切屑阻塞于孔底，妨碍切削正常进行，如图 6-34b 所示。螺旋槽丝锥不仅解决了排屑问题，而且使攻螺纹转矩下降，可以延长丝锥寿命，改善加工质量。

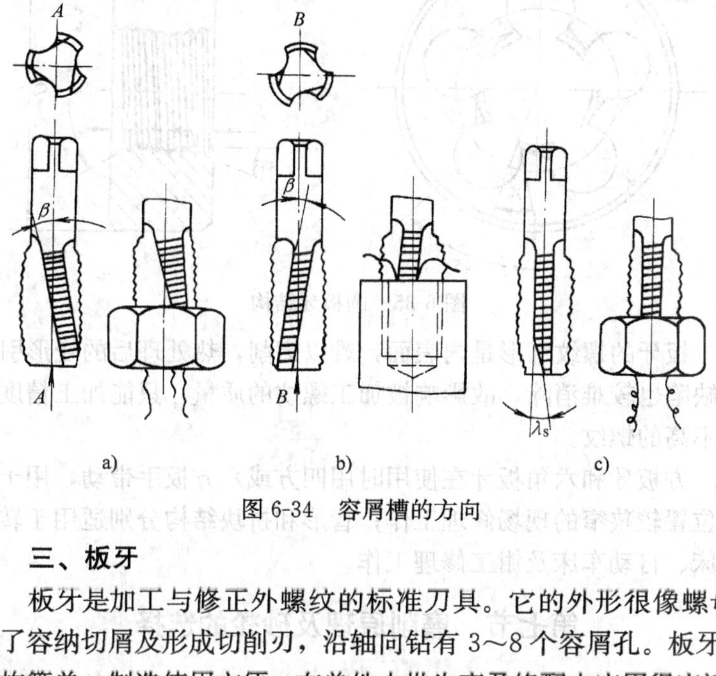

图 6-34　容屑槽的方向

三、板牙

板牙是加工与修正外螺纹的标准刀具。它的外形很像螺母，为了容纳切屑及形成切削刃，沿轴向钻有 3～8 个容屑孔。板牙的结构简单，制造使用方便，在单件小批生产及修配中应用很广泛。

板牙按结构形状可分为圆板牙、方板牙和六角板牙以及管形或拼块结构。加工普通外螺纹常用圆板牙，其结构如图 6-35 所示。在两个端面都磨出锥角 $2\kappa_r$，切削锥部的顶刃经铲磨后形成后角，中间的完整螺纹部分起校准、导向作用。圆板牙使用时，先将它放在板牙套中，用紧定螺钉将它紧固。然后套在工件外圆上，保持板牙端面与工件轴线垂直，并沿板牙轴线施加压力的同时旋转板牙，或旋转工件。一端切削刃磨损后换另一端使用，两端都磨损后，可重磨前面，一般可重磨 3～4 次。当板牙的螺纹直径偏大时，可用片状砂轮切开 60°缺口槽，拧紧外圆周上的调节螺钉，迫使板牙孔径收缩，以达到所需要的尺寸。

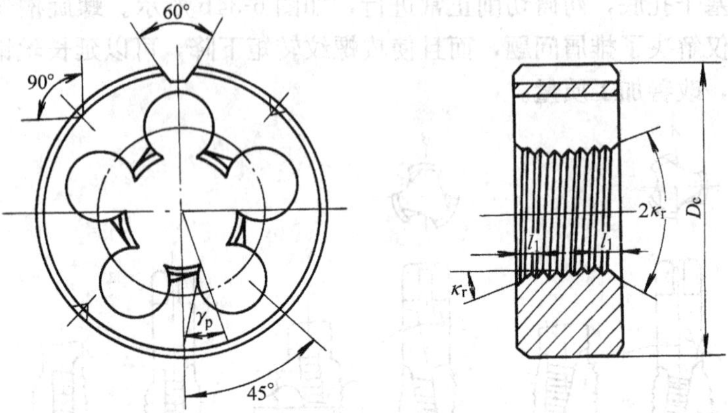

图 6-35 圆板牙结构

板牙的螺纹廓形是内表面，难以磨削，热处理后的变形引起的缺陷也较难消除，故影响被加工螺纹的质量，只能加工精度要求不高的螺纹。

方板牙和六角板牙在使用时用四方或六方扳手带动，用于工作位置较狭窄的现场修理工作；管形和拼块结构分别适用于转塔车床、自动车床及钳工修理工作。

第七节 磨削原理及砂轮的选择

磨削是机械制造中最常用的加工方法之一。磨削的应用范围很广，可磨削各种难加工材料，可磨削各种表面，可用于荒加工（磨削钢坯、割浇冒口等）、粗加工、半精加工、精加工。在工业发达国家，磨床在机床总数中占 30%以上。磨削后工件的尺寸精度可达 IT6～IT4 级，表面粗糙度值可达 $Ra0.1 \sim 0.012\mu m$。

一、磨削时的运动

磨削加工时，有一个主运动和三个进给运动，如图 6-36 所示。

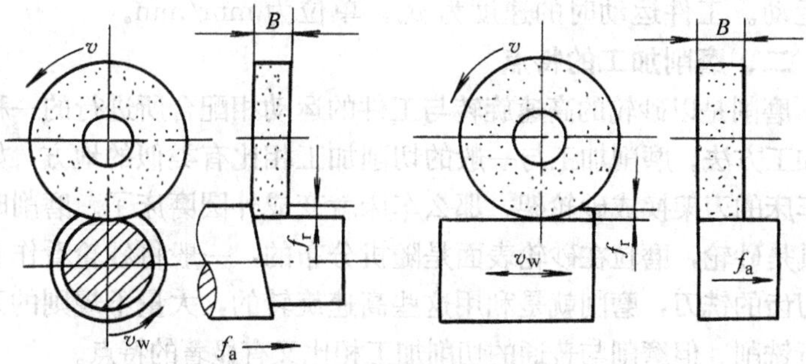

图 6-36 磨削时的运动

(1) 主运动 磨削的主运动是砂轮的旋转运动。主运动速度是砂轮外圆的线速度，称为磨削速度 v，单位为 m/s。磨削速度的计算公式为

$$v=\frac{\pi d_0 n}{1000\times 60}$$

式中 d_0——砂轮直径（mm）；

n——砂轮转速（r/min）。

一般情况下，砂轮磨削速度为 30～35m/s。

(2) 径向进给运动 砂轮切入工件的运动称为径向进给运动。径向进给量用工作台每单行程或双行程切入工件的深度 f_r 表示，单行程径向进给量的单位为 mm/str；双行程径向进给量的单位为 mm/d. str；当作连续径向进给时，单位为 mm/s。

一般情况下，粗磨 f_r=0.015～0.025mm/str（mm/d. str），精磨 f_r=0.005～0.01mm/str（mm/d. str）。

(3) 轴向进给运动 工件相对砂轮沿轴向的移动称为轴向进给运动。外圆磨削时，轴向进给量用工件每转相对于砂轮的轴向移动量 f_a 表示，单位为 mm/r；平面磨削时，轴向进给量用工作台每单（双）行程工件相对砂轮的轴向移动量 f_a 表示，单位为 mm/ str，（或 mm/d. str）。一般情况下，f_a =（0.2～0.8）B（B 为砂轮宽度）。

(4) 工件运动 工件的运动可以是回转运动也可以是往复直

线运动。工件运动时的速度为 v_w，单位为 mm/min。

二、磨削加工的特点

磨削是以砂轮的高速旋转与工件的运动相配合所进行的一种切削加工方法。磨削加工与一般的切削加工相比有类似的地方，如果把车床的刀架换成砂轮架，那么车床就变成外圆磨床了。磨削时的刀具是砂轮，磨粒在砂轮表面是随机分布的，一般将砂轮看作有很多刀齿的铣刀，磨削就是利用这些高速旋转的，大量不规则的刀齿进行铣削。但磨削与普通的切削加工相比又有显著的特点。

(1) 磨削加工精度高且表面粗糙度值小　目前磨削主要用于精加工和超精加工，精磨后的工件尺寸精度可达 IT7～IT6 级，表面粗糙度值 Ra 0.8～0.2μm；超精磨后的工件尺寸精度可达 IT5 级以上，表面粗糙度值 $Ra \leqslant 0.025\mu m$。

(2) 磨削可加工高硬材料　磨削不但可加工黄铜、铸铁等材料，而且可以加工如淬硬钢、高速钢、硬质合金、陶瓷等硬度很高的材料。这些高硬材料是一般很难切削加工甚至不能加工的。

(3) 磨削速度高且温度也高　磨削时，磨削速度很高。一般情况下，砂轮的磨削速度为 35m/s，高速磨削时，磨削速度可达 150m/s。由于磨削速度高，且砂轮表面的磨粒又都为很大的负前角，故砂轮与工件之间的摩擦非常剧烈，产生很大热量，而砂轮的导热性又很差，使磨削区温度高达 1000℃以上，导致工件表面产生磨削烧伤。因此，磨削时必须使用冷却性能较好的切削液，以降低磨削区温度，避免工件表面烧伤。

(4) 磨削加工应用广泛　更有意义的是，磨削不仅广泛应用于精加工、超精加工，而且还可以用于粗加工和毛坯去皮加工等，并能获得较高的生产率和经济性。

三、砂轮及其选择

砂轮是一种用结合剂把刚玉类或碳化硅类磨粒粘结而成的多孔体，利用磨粒进行切削的刀具。每一个磨粒相当于一个切削刃，一个砂轮相当于成千上万个切削刃同时进行切削，用钝后，需经修整后再用。

1. 砂轮的组成和特性

砂轮的特性取决于砂轮的组成要素：磨料、粒度、结合剂、硬度和组织。在磨削时，应根据工件、机床等具体条件选用合适的砂轮。

（1）磨料　磨料是砂轮的主要组成部分，担负着切削工作。因此，必须具有高的硬度、耐热性及一定的韧性，同时还必须具备能形成切削刃的棱角。磨料分为天然磨料和人造磨料。天然磨料有金刚砂、天然刚玉、金刚石等。一般的天然磨料含杂质多，质地不均，而且价格昂贵，故目前主要使用人造磨料。常用的磨料有氧化铝、碳化硅及高硬磨料三大类。

氧化铝（Al_2O_3）又叫刚玉，刚玉类磨料主要包括棕刚玉（代号 A)、白刚玉（代号 WA）、铬刚玉（代号 PA）等。这类磨料的特点是韧性较好，硬度较低，适宜用于磨削强度高，韧性大的材料，如不锈钢、高强度合金，退了火的可锻铸铁和硬青铜等。

碳化硅类磨料主要包括黑碳化硅（代号 C）和绿碳化硅（代号 GC)，这类磨料的特点是磨粒锋利、脆性大、硬度高而强度较低，适宜用于磨削脆性材料，如铸铁、黄铜和硬质合金等。

高硬磨料包括人造金刚石和立方氮化硼，人造金刚石（代号 SD）是目前人造的最硬的物质，立方氮化硼的硬度仅次于金刚石，这类磨料适用于磨削硬质合金、光学玻璃、陶瓷、高性能高速钢和耐热合金等。立方氮化硼（代号 CBN）的硬度虽略低于金刚石，但它的耐热性可达 1400℃，比金刚石（800℃）几乎高出一倍，在加工高速钢、模具钢、耐热钢时，立方氮化硼的磨削能力超过金刚石 5～10 倍。

（2）粒度　粒度是指磨料颗粒的粗细程度。GB/T 2481.1—1998 规定了固结磨具用磨料及粒度组成的检测和标记，并列出了制造固结磨具和作为自由磨粒用的刚玉和碳化硅粗磨粒的粒度分级允许极限。表6-12为 F4～F220 粗磨粒粒度组成，表 6-13 为粒度组成允许偏差。粗磨粒产品的粒度组成允许值，为表6-12中的数值加上表 6-13 中的数值。

表 6-12 F4～F220 粗磨粒粒度组成

粒度标记	最粗粒 筛孔尺寸 mm	最粗粒 筛孔尺寸 μm	最粗粒 筛上物质量比（%）	粗粒 筛孔尺寸 mm	粗粒 筛孔尺寸 μm	粗粒 筛上物≤质量比（%）	基本粒 筛孔尺寸 mm	基本粒 筛孔尺寸 μm	基本粒 筛上物≥质量比（%）	混合粒 筛孔尺寸 mm	混合粒 筛孔尺寸 μm	混合粒 筛上物≥质量比（%）	细粒 筛孔尺寸 mm	细粒 筛孔尺寸 μm	细粒 筛下物≤质量比（%）
F4	8.00	—	0	5.60	—	20	4.75	—	40	4.75 4.00	—	70	3.35	—	3
F5	6.70	—	0	4.75	—	20	4.00	—	40	4.00 3.35	—	70	2.80	—	3
F6	5.60	—	0	4.00	—	20	3.35	—	40	3.35 2.80	—	70	2.36	—	3
F7	4.75	—	0	3.35	—	20	2.80	—	40	2.80 2.36	—	70	2.00	—	3
F8	4.00	—	0	2.80	—	20	2.36	—	45	2.36 2.00	—	70	1.70	—	3
F10	3.35	—	0	2.36	—	20	2.00	—	45	2.00 1.70	—	70	1.40	—	3
F12	2.80	—	0	2.00	—	20	1.70	—	45	1.70 1.40	—	70	1.18	—	3
F14	2.36	—	0	1.20	—	20	1.40	—	45	1.40 1.18	—	70	1.00	—	3
F16	2.00	—	0	1.40	—	20	1.18	—	45	1.18 1.00	—	70	—	850	3
F20	1.70	—	0	1.18	—	20	1.00	—	45	1.00 —	850 —	70	—	710	3
F22	1.40	—	0	1.00	—	20	—	850	45	—	850 710	70	—	600	3
F24	1.18	—	0	—	850	25	—	710	45	—	710 600	65	—	500	3
F30	1.00	—	0	—	710	25	—	600	45	—	600 500	65	—	425	3
F36	—	850	0	—	600	25	—	500	45	—	500 425	65	—	355	3
F40	—	710	0	—	500	30	—	425	40	—	425 355	65	—	300	3
F46	—	600	0	—	425	30	—	355	40	—	355 300	65	—	250	3
F54	—	500	0	—	355	30	—	300	40	—	300 250	65	—	212	3
F60	—	425	0	—	300	30	—	250	40	—	250 212	65	—	180	3
F70	—	355	0	—	250	25	—	212	40	—	212 180	65	—	150	3
F80	—	300	0	—	212	25	—	180	40	—	180 150	65	—	125	3
F90	—	250	0	—	180	20	—	150	40	—	150 125	65	—	106	3
F100	—	212	0	—	150	20	—	125	40	—	125 106	65	—	75	3
F120	—	180	0	—	125	20	—	106	40	—	106 90	65	—	63	3
F150	—	150	0	—	106	15	—	75	40	—	75 63	65	—	45	3
F180	—	125	0	—	90	15	—	75 63	40	—	75 63 53	65	—	—	—
F220	—	106	0	—	75	15	—	63 63	40	—	63 53 45	60	—	—	—

表 6-13 粒度组成允许偏差 （质量比，%）

粒度标记	最粗粒	粗 粒	基本粒	混合粒	细 粒
F4	0	+4	−4	−4	—
F5	0	+4	−4	−4	—
F6	0	+4	−4	−4	—
F7	0	+4	−4	−4	—
F8	0	+4	−4	−4	—
F10	0	+4	−4	−4	—
F12	0	+4	−4	−4	—
F14	0	+4	−4	−4	—
F16	0	+4	−4	−4	—
F20	0	+4	−4	−4	—
F22	0	+4	−4	−4	—
F24	0	+4	−4	−4	—
F30	0	+4	−4	−4	—
F36	0	+4	−4	−4	—
F40	0	+4	−4	−4	—
F46	0	+4	−4	−4	—
F54	0	+4	−4	−4	—
F60	0	+4	−4	−4	—
F70	0	+3	−3	−3	—
F80	0	+3	−3	−3	—
F90	0	+3	−3	−3	—
F100	0	+3	−3	−3	—
F120	0	+3	−3	−3	—
F150	0	+3	−3	−3	—
F180	0	+3	−3	−3	—
F220	0	+3	−3	−3	—

注：所列百分数是相对试样初始质量而言。

磨料粒度的大小直接影响表面粗糙度及生产率，一般粗磨时余量较大，要求有较高的磨削效率，为避免磨削区温度太高产生烧伤，宜选用粗粒度；精磨时为获得较低的表面粗糙度值及较好的廓形精度，宜选用细粒度；当磨削较软的、塑性大的材料，为避免砂轮堵塞，或砂轮与工件接触面积较大时，宜选用粗粒度；而磨削较硬的、脆性较大的材料，宜选用细粒度。

（3）结合剂 结合剂的作用是将磨料粘合起来使砂轮具有一

定的形状。结合剂的性能决定了砂轮的强度、抗腐蚀性、耐冲击性和耐热性。目前，常用的砂轮结合剂有：

1）陶瓷结合剂（代号 V） 陶瓷结合剂耐水、耐酸、耐热，但较脆。除切断砂轮外，大多数砂轮都是采用陶瓷结合剂。

2）树脂结合剂（代号 B） 树脂结合剂强度高，弹性好，但耐热性耐腐蚀性差，多用于切断、开槽和高速磨削。

3）橡胶结合剂（代号 R） 橡胶结合剂比树脂结合剂更富有弹性，可制造切断、开槽用的 0.1mm 的薄砂轮、无心磨床用的导轮及抛光砂轮。

（4）硬度 砂轮的硬度是指磨粒在切削力的作用下，从砂轮表面脱落的难易程度。它反映了结合剂粘接磨粒的牢固程度。砂轮的硬度高，表示磨粒粘接得牢，不容易从砂轮表面脱落；反之，砂轮的硬度低，表示磨粒粘接得不太牢，容易从砂轮表面脱落。

砂轮的硬度等级与代号见表 6-14。

表 6-14 砂轮的硬度等级

硬度等级	代 号			
极软	A	B	C	D
很软	E	F	G	—
软	H	—	J	K
中级	L	M	N	—
硬	P	Q	R	S
很硬	T	—	—	—
极硬	—	Y	—	—

注：硬度等级用英文字母标记，“A”到“Y”由软至硬。

砂轮的硬度对磨削生产率和磨削表面质量有很大影响，若砂轮过硬，磨粒磨钝后不能自行脱落，会使磨粒与工件的摩擦加剧，工件可能会产生烧伤；若砂轮过软，磨粒未磨钝已从砂轮表面脱落，砂轮损耗大，形状不易保持，影响工件质量。所以选择砂轮硬度的原则是：磨削硬材料或粗磨时用软砂轮；磨削软材料或精磨时选用硬砂轮；但磨削有色金属时磨屑易使砂轮糊塞，应选择磨粒容易脱落的最软砂轮；磨成形表面，为保持砂轮的正确尺寸和形状，应选择较硬的砂轮；高速强力磨削时，磨粒易钝，应选用较软砂轮。

（5）组织　砂轮的组织是指砂轮中磨料、结合剂和气孔间的比例关系，如图 6-37 所示。磨粒在砂轮总体积中所占的比例越大，砂轮的组织越紧密，气孔越小；反之，磨粒的比例越小，砂轮组织越疏松，气孔越大。根据磨料在砂轮中占有体积的比例，砂轮的组织分成紧密、中等及疏松三大类 13 级，见表 6-15。组织号大的砂轮较疏松多孔，砂轮可容纳较多磨屑，不易堵塞，切削液和空气也较容易进入磨削区域，可降低磨削温度，减少工件变形和烧伤。但过分疏松的砂轮，气孔太多，磨粒含量少，容易磨钝失去正确廓形，增大砂轮消耗。一般磨削常用的是中等组织砂轮。

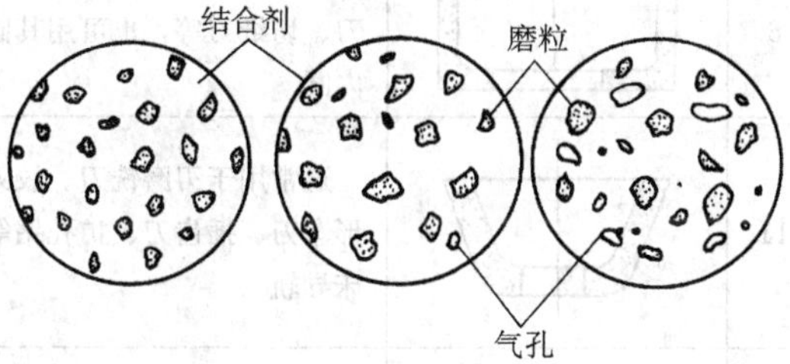

图 6-37　砂轮的组织

表 6-15　砂轮组织

分　类	紧	密				中	等			疏	松		
分　级	0	1	2	3	4	5	6	7	8	9	10	11	12
磨粒占砂轮体积（%）	62	60	58	56	54	52	50	48	46	44	42	40	38

2. 砂轮形状、代号及用途

为适应在不同类型磨床上加工各种形状和尺寸的工件，砂轮有各种形状和尺寸。常用的砂轮有平形、筒形、碗形和碟形等，它们的形状、代号和用途见表6-16。

表 6-16　常用砂轮的形状、代号和用途

砂轮名称	代号	断面图	基本用途
平形砂轮	1	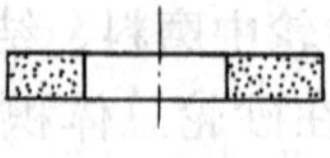	根据不同尺寸分别用于外圆、内圆、平面、无心磨削、刃磨、螺纹磨和装在砂轮机上磨削
双面凹一号砂轮	7	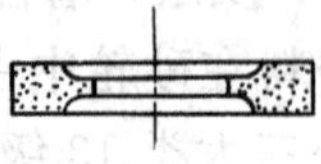	主要用于外圆磨削和刃磨刀具，还用作无心磨削的导轮和磨削轮
平形切割砂轮	41		用于切断和开槽等
筒形砂轮	2	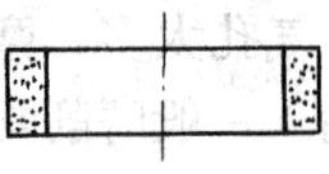	用在立式平面磨床的立轴上磨平面
杯形砂轮	6	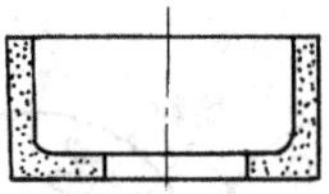	主要用其端面刃磨铣刀、铰刀、拉刀、切纸刀等，也可用其圆周磨平面和内圆
碗形砂轮	11	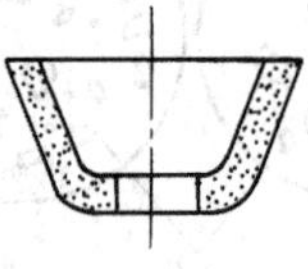	通常用于刃磨铣刀、铰刀、拉刀、盘形车刀、插齿刀、扩孔钻等，也可磨机床导轨
碟形砂轮	12a	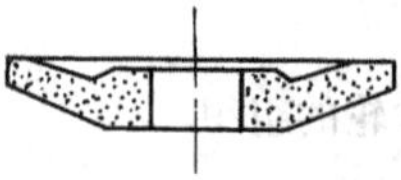	适用于磨铣刀、铰刀、拉刀和其他刀具，大尺寸的一般用于磨齿轮齿面

思考与练习题

1. 车刀按用途和结构分类，各可分为哪些类型？
2. 硬质合金焊接式车刀有哪些特点？
3. 硬质合金刀片代号 A116、A340、C122 和 C312 表示什么含义？
4. 机夹式车刀有什么特点？
5. 可转位车刀与整体式车刀和焊接式比较有什么优点？

6. 可转位车刀刀片是如何标注的？“TNUM120308ERA4”表示什么含义？

7. 对可转位车刀夹紧结构有什么要求？

8. 可转位车刀夹紧结构有哪些形式？

9. 作图表示麻花钻结构，标注结构参数与刃磨角度。

10. 普通麻花钻结构参数、刃磨角度的数值范围大致是多少？

11. 标准麻花钻的结构有什么缺陷？怎样加以改进？

12. 基本型群钻结构有什么特点？为什么？

13. 镗刀的种类有哪些？各有什么特点？

14. 单刃微调镗刀是如何实现微量调整的？

15. 铰刀有哪些类型？

16. 简述铰刀的结构。

17. 铰刀齿槽的形状有哪几种？各有什么特点？

18. 铰刀的齿槽方向有哪几种？如何选择？

19. 简述不等齿距铰刀的优缺点。

20. 铰刀用钝后如何进行研磨？

21. 铣刀有哪些类型？

22. 简述铣刀前、后角的选择原则。

23. 简述铣刀主、副偏角的选择原则。

24. 简述铣刀刃倾角的选择原则。

25. 简述丝锥的结构特点。

26. 简述丝锥前、后角的选择原则。

27. 丝锥容屑槽的槽形有几种形式？各有什么特点？

28. 简述圆板牙的结构及工作原理。

29. 磨削加工的主运动是什么？有哪些进给运动？

30. 简述磨削加工的特点。

31. 常用的人造磨料有哪些种类？如何选择？

32. 什么是砂轮的粒度？如何选择？

33. 砂轮的硬度指的是什么？简述选择砂轮硬度的基本原则。

34. 常用的砂轮结合剂有哪些？各适合加工什么材料？

35. 砂轮的组织指的是什么？

参 考 文 献

[1] 周泽华. 金属切削原理 [M]. 上海：上海科学技术出版社，1984.

[2] 袁哲俊. 金属切削刀具 [M]. 上海：上海科学技术出版社，1984.

[3] 乐对谦. 金属切削刀具 [M]. 2 版. 北京：机械工业出版社，2001.

[4] 陆建中，孙家宁. 金属切削原理与刀具 [M]. 3 版. 北京：机械工业出版社，2001.

[5] 陈日曜. 金属切削原理 [M]. 北京：机械工业出版社，1991.

[6] 劳动和社会部教材办公室. 金属切削原理与刀具 [M]. 2 版. 北京：中国劳动社会保障出版社，2001.

[7] 吴林禅. 金属切削原理与刀具 [M]. 北京：机械工业出版社，1999.

[8] 韩步愈. 金属切削原理与刀具 [M]. 北京：机械工业出版社，1988.